輕奢華！百變起司蛋糕

蛋糕、塔、泡芙、生乳包各種變化大公開，顛覆你的既定印象！

作者／gemomoge　譯者／許郁文

前　言

總算為了超喜歡的起司蛋糕寫了一本書。

之所以會想寫這本書，
是因為我覺得起司蛋糕是一個奇妙的領域。

每當我烤好一個起司蛋糕，
明明是我親手做的，
依舊會因為這些起司蛋糕的味道而感到驚喜，
每次都能吃到令人心悅誠服的美味。
而撰寫這本食譜的過程中，
我也再次感受到起司無限的潛力。

本書主要分成初級、中級與高級三大部分。

初級篇介紹的起司蛋糕通常只需在拌勻材料後烘焙，
或是只會用到身邊常見及市售的食材，
用意在於讓大家熟悉製作起司蛋糕的流程，
幫助大家盡可能做出好看又可愛的起司蛋糕。

中級篇則是要帶著大家了解起司，
嘗試改變起司的味道與口感，
做出有別以往的起司蛋糕。
我希望藉由這個篇章，
能讓大家感受到「從來沒吃過這種起司蛋糕」的感動。

高級篇則為各位帶來專家級的起司蛋糕，
除了更用心琢磨起司蛋糕的美味外，
也會帶入一些裝飾起司蛋糕的小訣竅。
一邊在腦海中描繪成品，一邊製作的話，
烘焙的過程也讓心情變得更加雀躍。
這是一本值得一試的食譜。

由衷希望本書能讓大家重新了解起司蛋糕的美味，
享受製作起司蛋糕的樂趣，以及重溫品嘗起司蛋糕的感動。

但願本書能讓坐在餐桌旁邊的每個人綻放笑容。

gemomoge

\ CONTENTS /

Part 1 初 級 篇

* * *

Part 2
* * *

中 級 篇

CONTENTS

Part **3** 高 級 篇
* * *

本書的使用方法

＊油品皆選用葡萄籽油，也可用米油、沙拉油、太白芝麻
　油代替。

＊烤箱的溫度與烘焙時間僅供參考，不同機型的烤箱有不
　同的設定，請大家視情況調整。
　本書使用的烤箱是 TOSHIBA 石窯蒸氣烘烤爐 ER-VD 7000。

＊本書使用的微波爐為 500W 的機型。如果您使用的是
　600W 的機型，請將加熱時間縮短至 0.8 倍。不同的機型
　會有些微的差異，請大家視情況調整。

材料協助　　TOMIZ（富澤商店）
　　　　　　　線上商店：https://tomiz.com/
　　　　　　　電話：042-776-6488

staff　　　造型與攝影／gemomoge
　　　　　　　設計／柏幸江（studio GIVE）
　　　　　　　編輯／松原京子

gemomoge 風格

製作起司蛋糕的注意事項

● 關於材料

A.

B.

C.

D.

E.

F.

G.

H.

I.

A. 起司 本書使用的起司包含奶油起司、馬斯卡彭起司、戈貢佐拉起司、帕馬森起司與加工起司。

B. 奶油 用於製作蛋糕或甜點的奶油通常是無鹽奶油，如果需要增添鹹味會另外加入鹽巴。

C. 鮮奶油 市售的鮮奶油分成乳脂肪含量高於40%及30%左右兩種。如果是用於製作蛋糕，可以選擇乳脂肪含量高於40%的鮮奶油，風味相對香醇，打發之後也不膩口。

D. 麵粉 本書使用的低筋麵粉是「超級紫羅蘭低筋麵粉」（Super Violet），高筋麵粉則選用「金帆船特級高筋麵粉」（Golden Yacht），都可在烘焙材料專賣店購得。

E. 砂糖 製作蛋糕時，最好選用顆粒較小的白糖。本書部分蛋糕會用到味道較濃醇的蔗糖*，或是顆粒更細的糖粉。在裝飾的環節，可以選擇甜度較低且不易溶解的防潮糖粉。（＊編按：原文為「きび砂糖」，是臺灣少見的日本糖，外觀呈淺黃色粉末狀，易溶於水。）

F. 蛋糕底 起司蛋糕的底座稱為蛋糕底，這種類似餅乾的材料以原味為佳。

G. 玉米粉 玉米粉不會產生筋性，想要做出入口即化的口感，或是想替美味的醬汁帶點勾芡，都可以使用。

H. 吉利丁粉 每家廠商的單包分量不同，因此添加前務必秤好重量。本書在使用前會先用水調開。

I. 香草精、香草油、檸檬油 香草精是水溶性，適合用來製作冰涼甜點。香草油的香氣不易揮發，適合用來製作烘焙甜點。檸檬油則在需要增添檸檬香氣時滴入少許即可。

● 打發鮮奶油的方法

要打發鮮奶油，務必使用冰過的鮮奶油，以及擦乾水氣與油脂的攪拌盆。如果沒有將攪拌盆內的油脂擦乾淨，會導致鮮奶油的脂肪與水分分離，變得難以打發。打發鮮奶油的過程中，可將攪拌盆稍微傾斜，再以垂直施力的方式握住攪拌器的手柄，靈活的利用手腕的力量將空氣拌入鮮奶油裡。

8分發的鮮奶油

奶油出現黏性，舉起攪拌器時會稍微停留在攪拌器上。也可以觀察攪拌器前端尖角的部分是否像稻穗般，呈現微微下彎的狀態。

9分發的鮮奶油

舉起攪拌器時，尖角呈現直挺的錐形而不往下掉落。將攪拌器劃過攪拌盆中的鮮奶油，會留有明顯的紋路。

● 事前準備的模具

圓形模具 →

本書使用的是直徑15cm、高5cm的圓形模具。可準備直徑15cm的圓形烘焙紙及6×46～47cm的帶狀烘焙紙。

→

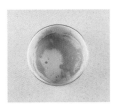

可在圓形模具的底板與內側抹一層薄薄的油，或利用噴油瓶在這些位置噴油，再將烘焙紙黏上去。

→

從斜上方看大概是這個模樣。為了在烤好蛋糕之後方便脫模，可讓烘焙紙的高度比模具高一點。

方形模具 →

本書使用的是邊長15cm、高5cm的方形模具。可準備邊長25cm的方形烘焙紙。

→

將烘焙紙蓋在模具底板後，在距離邊緣5cm的位置折出折線。

→

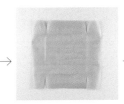

利用剪刀在兩條垂直折線的上下兩端剪出4道5cm的切口。

→

將烘焙紙4個角落對準模具，壓入模具底部。磅蛋糕模具的烘焙紙也是以相同的方式鋪在底部。

● 利用額外的醬汁讓蛋糕變得更美味

【卡士達醬】

材料（成品約 220g）

蛋黃	2 顆量
白糖	30g
玉米粉	6g
白蘭地	6ml
牛奶	200ml
香草油	3 滴

1

將蛋黃、白糖、香草油倒入攪拌盆，再利用攪拌器將材料混合至均勻的白色。

2

倒入玉米粉後，攪拌至顆粒消失、質地變得綿滑為止。攪拌過程中，可分次倒入牛奶與白蘭地。

3

混合均勻的食材用濾網過篩後倒入鍋中，再以中火加熱。加熱時，務必用橡皮刮刀持續攪拌，以免食材煮焦。

4

加熱至不斷冒泡的程度後，轉成小火繼續攪拌與加熱，直到食材變得濃稠為止。

5

將食材倒入調理盤。卡士達醬在尚未冷卻的狀態下，質地會比較滑順。

6

用保鮮膜將食材封好後，可在上面鋪一些保冷劑，讓卡士達醬急速降溫，之後可放入冰箱保存。

【覆盆子醬】

材料（成品約 150g）

冷凍覆盆子	200g
白葡萄酒	100ml
白糖	50g
玉米粉	5g

1

將所有食材倒入鍋中，攪拌均勻。

2

以中小火加熱步驟 1 的食材，讓鍋內食材慢慢煮透。

3

加熱至不斷冒泡的程度後轉成小火，再利用木頭湯匙或木頭刮刀一邊攪拌均勻，一邊將食材壓扁，直到變得濃稠為止。整個過程大概 5 分鐘。

4

將濾網架在攪拌盆上面，再倒入步驟 3 的食材，同時以木頭湯匙或木頭刮刀擠壓過篩，讓覆盆子醬的質地更滑順。放涼後，即可倒入其他容器備用。

【焦糖奶油醬】

材料（成品約 400g）

鮮奶油（乳脂肪含量高於 40%）	
	200ml
白糖	200g
水	50ml
無鹽奶油（室溫）	40g
香草油	5 滴

1

將鮮奶油加熱至40℃左右，再持續保溫。

2

將白糖與事先準備的水倒入鍋中攪拌均勻後，一邊稍微搖晃鍋子，一邊以中火持續加熱。

3

糖水變色後持續加熱，只需搖晃鍋子，不用攪拌。

4

煮到冒煙，糖水變焦為止。可依照個人喜好決定焦的程度。

5

將鍋子從火源移開後，立刻加入無鹽奶油與香草油，再輕輕搖晃鍋子，使添加的食材融化。

6

倒入放在一邊保溫的鮮奶油，再以木頭刮刀攪拌，同時以小火煮2分鐘，直到水分收乾為止。放涼後，倒入其他容器備用。

【芒果醬】

材料（成品約 350g）

冷凍芒果	300g
白糖	70g
萊姆汁（或檸檬汁）	7ml
玉米粉	5g
白葡萄酒	100ml

1

將所有材料倒入鍋中，攪拌均勻。

2

以中小火加熱步驟1的食材，煮到開始冒泡之後，轉成小火煮3分鐘。需持續攪拌，以免食材煮焦。

3

關火後，利用手持電動攪拌器將食材攪成糊狀。

4

將濾網架在攪拌盆上面，再倒入步驟3的食材，同時以木頭湯匙擠壓過篩，讓芒果醬的質地更滑順。放涼後，倒入其他容器備用。

● 本書使用的工具

【模具】

本書使用的模具為直徑 15cm、高 5cm 的圓形活底模具。有些蛋糕會利用底板無法拆解的模具,或使用方形模具、磅蛋糕模具及琺瑯調理盤烘焙。基本上都會鋪一層烘焙紙,鋪烘焙紙的方法請參考 p.9。

製作蛋糕塔的塔模,直徑為 15cm。本書會在製作奶油起司塔(p.48)及香蕉起司巧克力塔(p.86)時使用這種塔模。

製作杯子蛋糕或馬芬使用的馬芬烤模,這種烤模可以一次烤出 6 個馬芬。也可以使用一次只烤 1 個馬芬的模具。手邊若沒有馬芬模具,可利用紙模代替。本書會在製作甜起司馬芬(p.30)時使用這種模具。

【常用道具】

A. 攪拌器
攪拌粉類食材、奶油、麵糊及打發鮮奶油時使用。建議根據鍋子、攪拌盆的大小及食材的分量,選用不同大小的攪拌器。大型與中型的攪拌器比較容易將鮮奶油打出蓬鬆質感。

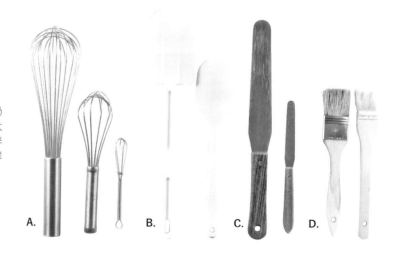

B. 橡皮刮刀
用於攪拌或集中麵糊。由於有曲面的模具或容器經常需要刮刀的輔助,所以最好選用橡皮這種有彈性的材質。可依照麵糊的分量選用大型或中型的橡皮刮刀。

C. 抹刀
用於塗抹鮮奶油,讓蛋糕表面變得平滑。如果能事先準備小型的抹刀,就比較方便處理少量的食材。

D. 刷子
用於抹糖醬、蛋液、油等食材,也能用來拍掉多餘的粉。通常會在乾燥的狀態使用,最好能事先準備 2 把刷子。

Part 1

How to make delish Cheese Cake

* * *

初 級 篇

////////////////////////////////////

首先帶大家做的是最基本的生起司蛋糕，
以及簡單的烘焙蛋糕。
兩款蛋糕皆利用市售的蛋糕底製作，
非常容易完成。
此外，本章還會介紹不使用模具就能完成的夾派，
以及利用玻璃杯製作的提拉米蘇，
或者是利用市售麵包製作的羅馬生乳包。
這些都是食材與步驟相對簡單，
初學者也能輕鬆完成的食譜。

只需攪拌就能完成，
美味卻是一級棒

* * *

生起司蛋糕

///

將白巧克力倒入奶油起司，增加香醇的滋味後，
再拌入打發的鮮奶油，營造輕盈的口感。
這款蛋糕的重點在於隔水加熱白巧克力，
以及吉利丁粉的使用方法。
作為蛋糕底使用的餅乾建議選擇原味，
直接抹上攪拌後的起司奶油即可。

材料／直徑 15cm 的圓形活底模具 1 個量

奶油起司	100g
白巧克力	40g
牛奶	50ml
檸檬汁	15ml
鮮奶油（乳脂肪含量超過 40%）	150ml
白糖	30g
吉利丁粉	5g
水	30ml
餅乾	約 10 片
〈裝飾用〉	
鮮奶油（乳脂肪含量超過 40%）	50ml
白糖	5g
莓果（覆盆子、藍莓等）、薄荷	各適量
切片檸檬	適量

事前準備 ▶ ・奶油起司先放至室溫。

・將牛奶從冰箱取出放至室溫。

・在模具內側抹上薄薄一層油
（非事前準備的食材），
再鋪一層烘焙紙（參考 p.9）。 　　→

01

將事先準備的水倒入小型耐熱容器，再倒入吉利丁粉，稍微攪拌一下，等待吉利丁粉泡發。

02

將一半的餅乾鋪在模具底部，可利用餅乾的碎片填滿空隙，大致鋪成圖中的樣子即可。

03

texture

將切成小塊的白巧克力倒入攪拌盆，再以隔水加熱的方式，慢慢融化白巧克力。

可用橡皮刮刀攪拌成綿滑質感

04

白巧克力完全融化後，保溫備用。

攪拌到顆粒消失

05

texture

將奶油起司倒入另一個攪拌盆，再以橡皮刮刀拌開。倒入步驟 4 的白巧克力，繼續攪拌均勻。

06

texture

分次倒入牛奶與檸檬汁，每次倒入時，利用攪拌器稍微攪拌。攪拌均勻後，再大幅度攪拌。

攪拌到黏稠綿滑的程度

可用攪拌器稍微挖起的程度

texture

07

將鮮奶油與白糖倒入另一個攪拌盆，用攪拌器打至 8 分發。

08

將步驟 1 的吉利丁放進微波爐（500W）加熱 20 秒左右，直到融化為止。重點在於不要讓吉利丁沸騰。

09

將加熱完畢的吉利丁倒入步驟 6 的食材後，再快速攪拌。

10

倒入步驟 7 打發的鮮奶油，輕輕的攪拌均勻。

11

攪拌成質地蓬鬆的起司奶油即可。

12

將起司奶油慢慢倒入步驟 2 的模具，接著把表面抹平。

13

仿照步驟 2 的方式，鋪滿餅乾後再封一層保鮮膜。放入冰箱冷藏 6 小時，直到食材完全凝固為止。

14

拆掉保鮮膜，再以玻璃杯由下往上推，讓蛋糕脫模，接著將蛋糕移至盛盤器皿上。

15

將裝飾用的鮮奶油與白糖倒入攪拌盆，打至 8 分發（可用攪拌器稍微挖起的程度）。

16

將裝飾用的鮮奶油抹在蛋糕上。

17

利用抹刀劃出紋路，再以莓果與薄荷裝飾。切片後，也可在蛋糕上放檸檬片做裝飾。

只需要攪拌與烘烤的
基本款起司蛋糕

* * *

烘焙起司蛋糕

///

這是一款初學者也能成功做出的蛋糕。
由於這款蛋糕沒有使用鮮奶油，所以口感非常清爽，
細細品嘗，也有溼潤與濃醇的風味。
蛋糕底多出來的部分等烤完後再打碎，
就能成為裝飾蛋糕表面的餅乾碎塊，
這種裝飾雖然簡單，卻非常吸睛。

材料／直徑 15cm 的圓形活底模具 1 個量

奶油起司	200g	葡萄籽油	10g
白糖	90g	牛奶	10ml
原味優格	60g	〈蛋糕底〉	
檸檬汁	10ml	餅乾	130g
雞蛋（L 大小）	1 顆	無鹽奶油	70g
香草油	5 滴	蜂蜜核桃（參考 p.43）	適量
低筋麵粉	15g		

事前準備 ▶ ・奶油起司先放至室溫。

・在模具內側抹上薄薄一層油
（非事前準備的食材），
再鋪一層烘焙紙（參考 p.9）。 ——→

烘烤時間 ▶ 以 170℃烘烤 30 分鐘左右。

01

將餅乾倒入食物調理機攪成細碎小塊。

texture

攪成酥鬆的碎屑狀

02

將無鹽奶油倒入耐熱容器後，放進微波爐（500W）加熱 30 秒左右，直到融化為止。

03

利用小型的攪拌器攪拌至沒有結塊為止。

04

將加熱融化的無鹽奶油倒入步驟 1 的食物調理機，再攪拌均勻。

texture

呈現溼潤的質感，這就是蛋糕底

05

將蛋糕底倒入模具，再利用玻璃杯的底部確實壓平。

06

利用杯壁壓緊側面的部分。

07

此時先讓烤箱預熱至 170℃

這就是鋪好蛋糕底的樣子。

08

將蛋糕底與蜂蜜核桃以外的所有食材倒入杯型容器。

09

利用手持電動攪拌器攪拌食材，直到質地變得綿滑為止。

10

利用濾網過篩，讓質地變得更綿滑。

11

使用橡皮刮刀從底部往上撈的方式輕
輕攪拌，讓麵糊中的空氣跑出來。

12

將麵糊緩緩倒入步驟 7 的模具。

13

抹平表面後，把模具放在烤盤上，送
入預熱至 170℃的烤箱，烤 30 分鐘
左右。

14

烤好後，不必從模具取出，等待餘熱
消散。

15

完全放涼後，將蛋糕底高出蛋糕表面
的部分打碎。

16

利用叉子抹平上層的碎塊後，放入冰
箱冷藏 6 小時以上。

17

利用玻璃杯由下往上推出蛋糕，移到
盛盤器皿，再用些許蜂蜜核桃做裝
飾。

利用市售的派皮營造
酥鬆輕盈的口感

* * *

奶油起司夾派

//

不只是甜，帶有檸檬清爽香氣的奶油起司糖霜是美味的關鍵。
糖霜可以在烘烤派皮的時候製作，
之後夾進派皮就完成了。
由於這種糖霜不容易融化，
讓這款甜點非常適合當成伴手禮。
如果糖霜一時吃不完，
還可以擠在甜甜圈或杯子蛋糕上。
這款甜點與帶有酸味的水果非常對味。

材料／直徑 6cm 的塔圈 6 個量

冷凍派皮	75g×2 片	香草精	3 滴
蛋黃（L 大小）	1 顆量	檸檬汁	5ml
蜂蜜	10g	糖粉	35g
奶油起司	100g	草莓（小顆）	6 顆
無鹽奶油	30g	裝飾用糖粉（防潮）	適量

事前準備 ▶ ・奶油起司先放至室溫。

　　　　　　・無鹽奶油從冰箱取出放軟。

　　　　　　・草莓在蒂頭還沒摘掉的情況下，洗乾淨再擦乾水分。

烘烤時間 ▶ 以 190℃ 烘烤 15 分鐘左右。

01

此時先讓烤箱
預熱至 200℃

將派皮放在工作臺上，再以塔圈壓出
需要的形狀。總共要壓出 6 片。

02

將蛋黃倒入小型容器，再拌入蜂蜜均
勻混合。

03

在烤盤鋪一層烘焙紙，再排入派皮，
然後以叉子壓出邊緣的花紋。

04

利用刷子在派皮表面刷上步驟 2 的蛋
液。

05

讓烤箱的溫度降至 190℃，再將派皮
送入烤箱烤 15 分鐘。可自行調整時
間，重點是不要烤焦。

06

將奶油起司倒入攪拌盆，再以橡皮刮
刀攪拌至質地綿滑為止。

要攪拌到沒有結塊，
質地綿滑為止

texture

07

倒入無鹽奶油、香草精、檸檬汁，再
以攪拌器攪拌均勻。

攪拌到質地
綿滑為止

texture

08

倒入糖粉後攪拌均勻，奶油起司糖霜
就完成了。

09

這是步驟 5 的派皮烤好
之後的樣子。

texture

外觀像是鼓起來
的貝殼

10

利用麵包鋸刀輕輕將派皮切成上下開闊的貝殼狀。

11

將奶油起司糖霜倒入擠花袋，再於派皮中擠1球糖霜。

12

將草莓放在會稍微突出派皮的位置，再將派皮蓋好。最後用濾網將防潮糖粉撒在派皮表面。

利用卡士達醬
營造馥郁的滋味

* * *

玻璃杯提拉米蘇

//

由於一般提拉米蘇常用的手指餅乾不是那麼容易購得，
所以這裡改用相對容易買到的普通餅乾。
這道提拉米蘇的重點在於利用質感綿滑、
風味濃醇的卡士達醬代替英式蛋奶醬。
如果家裡有小孩，可以不加白蘭地，
但加了這項食材，可讓味道變得更有層次與成熟。

材料／容量 150ml 的玻璃杯 3 個量

馬斯卡彭起司	100g
煉乳	20g
鮮奶油（乳脂肪含量超過 40%）	100ml
白糖	20g
〈咖啡糖漿〉	
即溶咖啡粉	10g
白糖	15g
熱水	50ml
白蘭地	25ml
水	50ml
卡士達醬（參考 p.10）	100g
餅乾	12 片
〈裝飾用的奶油〉	
鮮奶油（乳脂肪含量超過 40%）	100ml
白糖	10g
可可粉（防潮）	適量
薄荷（有的話）	少許

事前準備 ▶ ・馬斯卡彭起司先放至室溫。
　　　　　　　・鮮奶油要使用之前才從冰箱取出。

01

先製作咖啡糖漿。將即溶咖啡粉、白糖及事先準備的熱水倒入容器攪拌，咖啡粉與白糖融化後，倒入白蘭地與事先準備的水，攪拌均勻後放涼。

02

將馬斯卡彭起司與煉乳倒入攪拌盆，再用攪拌器攪拌均勻。

03

將鮮奶油與白糖倒入另一個攪拌盆，用攪拌器打至9分發（可拉出直挺的尖角）。

04

將步驟 3 的鮮奶油倒入步驟 2 的攪拌盆，再以橡皮刮刀輕輕攪拌。

05

將放涼的卡士達醬倒入步驟 4 的攪拌盆，再以橡皮刮刀輕輕攪拌。

texture

像劃開麵糊般攪拌

06

攪拌至看不見任何顆粒或結塊後，提拉米蘇奶油就完成了。

07

將提拉米蘇奶油倒入擠花袋，再放入冰箱冷藏，要用的時候再拿出來。建議可將量杯當成奶油的架子。

08

取 1 片餅乾泡入步驟 1 的咖啡糖漿，10 秒後再拿起來。

09

將步驟 8 的餅乾放進玻璃杯。建議選用大小足以讓餅乾平放的玻璃杯。

10

擠入適量的提拉米蘇奶油。

11

重複前述的步驟,讓泡過咖啡糖漿的餅乾與提拉米蘇奶油交互疊出四層。

12

抹平表面後,放入冰箱冷藏3小時以上。

13

接著製作裝飾用的奶油。將白糖倒入鮮奶油,打至8分發(可用攪拌器稍微挖起的程度)。

14

將打發的鮮奶油倒入擠花袋。

15

在提拉米蘇的上層擠花。沿著玻璃杯的邊緣擠花,就能擠得很整齊。

16

在玻璃杯的下方鋪一層紙毛巾,再以濾網撒一些防潮可可粉,最後以薄荷當裝飾。

只需要 6P 起司與
馬芬模具就能製作

* * *

甜起司馬芬

//////////////////////////////////////

這款長得圓滾滾、非常可愛的馬芬，
不只剛烤好的時候好吃，冷掉也很好吃，
而且放到隔天也不會變硬，很適合當早餐吃。
這次選用的 6P 起司和葡萄籽油，十分經濟實惠。
最後撒的帕馬森起司粉是香氣的祕密來源。

材料／直徑 6～7cm 的馬芬模具 6 個量

低筋麵粉	130g	蔗糖	90g
玉米粉	20g	葡萄籽油	60g
小蘇打粉	2g	檸檬汁	10ml
泡打粉	2g	檸檬油（有的話）	3 滴
牛奶	90ml	雞蛋（L 大小）	1 顆
6P 起司	6 個	帕馬森起司粉	10 小撮左右

事前準備 ▶ ·先將馬芬紙模放在馬芬模具裡面。 ⟶

烘烤時間 ▶ 以 180℃烘烤 16 分鐘左右。

01

將低筋麵粉、玉米粉、小蘇打粉、泡打粉倒入攪拌盆,再以攪拌器攪拌均勻。如果結塊就先過篩。

02

將牛奶與 6P 起司倒入鍋中。

03

一邊以中小火加熱,一邊以攪拌器攪拌,直到 6P 起司融化為止。

04

6P 起司完全融化後,將鍋子從火源移開,再趁熱倒入蔗糖。

05

攪拌至蔗糖完全融化後,倒入另一個攪拌盆,等待餘熱消散。

06

倒入葡萄籽油、檸檬汁、檸檬油,再攪拌均勻。

07

打入雞蛋,再把它攪散。

texture

攪拌到質地變得
滑順即可

此時先讓烤箱 / **08**
預熱至 180℃

將預拌完畢的粉類食材倒入步驟 7 的攪拌盆。

09

利用橡皮刮刀從底部往上輕輕攪拌。

texture

輕輕攪拌
粉類食材

10

攪拌到看不見粉類食材
為止。

texture

攪拌到出現光澤就
代表拌好了

11

倒入模具,再撒上帕馬森起司粉。

12

送入預熱至 180℃的烤箱烤 16 分
鐘。不要烤太久,以免烤得太乾。

13

烤好後,靜置待涼,再讓馬芬脫模。
完全放涼後,可放在塑膠袋保存,以
免變得乾燥。

改造滿滿奶油的
義大利甜點麵包

* * *

羅馬起司生乳包

//

羅馬生乳包是夾了很多甜奶油的義大利甜麵包，
這次要介紹的是以口感清爽的起司奶油當內餡的口味。
由於是初級的課程，所以麵包選用市售的即可，
比較推薦的是山崎麵包的薄皮奶油麵包，
當中的奶油內餡與自製的起司奶油非常對味。

材料／5 個量

奶油圓麵包（山崎麵包的薄皮奶油麵包）	5 個
奶油起司	40g
鮮奶油（乳脂肪含量超過 40%）	100ml
煉乳	20g
〈裝飾用〉	
莓果（草莓、藍莓、覆盆子等）	適量
糖粉（防潮）	適量

事前準備 ▶ ・奶油起司先放至室溫。

01

選用圓形的奶油麵包會比較容易製作。

02

從奶油麵包的上方切開,呈現開口笑的形狀。

03

將奶油起司倒入攪拌盆,再以橡皮刮刀攪拌至質地變得綿滑為止。

攪拌至質地變得
滑順為止

04

倒入 10g 煉乳再繼續
攪拌。

攪拌均勻即可

05

將鮮奶油倒入另一個攪拌盆,再倒入10g 煉乳,然後用攪拌器打至 9 分發(可拉出直挺的尖角)。

06

倒入步驟 4 的食材攪拌均勻。如此一來,起司奶油就完成了。

07

將起司奶油從麵包的切口填入。

08

將起司奶油填滿麵包內所有的縫隙。

09

利用抹刀或其他平面工具抹平表面。

10

一邊將抹刀擦乾淨，一邊將起司奶油修飾整齊。

11

重複前述的步驟，做出 5 個相同的成品，同時修飾形狀。

12

將切成薄片的草莓、藍莓、覆盆子等莓果嵌入起司奶油，再撒上防潮糖粉。

西西里卡薩塔風格的
小奢華冰淇淋

* * *

起司水果冰蛋糕

//

卡薩塔是在瑞可達起司中加入水果與
堅果製作的義大利傳統冰甜點。
這次要利用容易購得的奶油起司及質地綿滑的
卡士達醬增加香醇口感，營造豐富多層次的滋味。
利用磅蛋糕模具製作，比較方便切塊分享。

材料／18×9×高8 cm 的磅蛋糕模具1個量

〈奶油起司麵糊〉

奶油起司	150g
鮮奶油（乳脂肪含量超過 40%）	100ml
卡士達醬（參考 p.10）	100g
煉乳	80g
香草精	5 滴
甜巧克力	30g
冷凍莓果（視個人口味選擇）	100g
冷凍奇異果	20g
原味威化餅	6 片

〈裝飾用〉

餅乾	適量
薄荷（有的話）	少許

事前準備 ▶ ・奶油起司先放至室溫。

・鮮奶油要使用之前才從冰箱取出。

・在模具內鋪一層烘焙紙（參考 p.9）。 ⟶

01

將奶油起司倒入攪拌盆，再以手持電動攪拌器攪拌。

02

攪拌到蓬鬆為止

texture

倒入 40g 煉乳，以手持電動攪拌器攪拌 1 分鐘左右，直到食材變得蓬鬆為止。

03

攪拌到看不見卡士達醬為止

texture

倒入卡士達醬，繼續攪拌。

04

將鮮奶油、40g 煉乳、香草精倒入另一個攪拌盆，再打至 9 分發（可拉出直挺的尖角）。

05

將步驟 4 的食材倒入步驟 3 的攪拌盆。

06

利用橡皮刮刀輕輕攪拌，直到食材完全融為一體。

07

這就是奶油起司麵糊。

08

texture

將切成小塊的巧克力、冷凍莓果、冷凍奇異果倒入麵糊。

水果可切成喜歡的大小

09

利用橡皮刮刀輕輕攪拌。

在麵糊之間夾入
威化餅
texture

10

冰的奶油起司麵糊完成。

11

將三分之一的冰奶油起司麵糊倒入模
具,再鋪上 2 片威化餅,接著將剩餘
麵糊倒入一半的量。

12

再鋪 4 片威化餅,然後倒入剩下的麵
糊。將模具的底部輕輕摔在桌面幾
次,敲出麵糊中的空氣,再抹平表
面。

13

依照個人口味,以切碎的巧克力或冷
凍水果(非事前準備的食材)裝飾。
封上保鮮膜,再放入冰箱冷凍 6 小時
以上,等待麵糊完全凝固。

14

凝固後,連同烘焙紙一併脫模。

15

為了避免冰蛋糕融化,先在容器鋪幾
片餅乾,再放上冰蛋糕,以及利用薄
荷當裝飾。最後可切成適當的分量再
享用。

很推薦害怕藍紋起司的人
試做看看

* * *

利用戈貢佐拉起司製作的

///

下酒菜起司蛋糕

///

這次要將在藍紋起司中，
相對容易品嘗的戈貢佐拉起司做成柔軟的乾蛋糕。
加入加州梅與鮮奶油可以緩和藍紋起司的特殊氣味，
淋上自製的蜂蜜核桃則可讓味道變得更有層次與美味。
建議大家選一瓶喜歡的紅酒一起享用。

材料／直徑 14×高 5.7cm 的攪拌盆 1 個量

奶油起司	50g
戈貢佐拉起司	50g
無籽加州梅	50g（4～5 顆）
白葡萄酒	15ml
蜂蜜	10g
白糖	50g
鮮奶油（乳脂肪含量超過 40%）	50ml

〈蜂蜜核桃（方便製作的分量）〉

烤過的核桃	60g
蜂蜜	100～150g
肉桂粉	視個人口味。5 小撮左右
黑胡椒粉	視個人口味。少許
長棍麵包薄片	適量

〈裝飾用〉

紅胡椒粒、迷迭香（有的話）	各少許

事前準備 ▶ ·請先製作蜂蜜核桃備用。

01

先製作蜂蜜核桃。利用叉子將三成左右的核桃輕輕壓碎,再拌入肉桂粉與黑胡椒粉。

02

蜂蜜的量差不多是這樣

倒入保鮮盒,再倒入蜂蜜,直到淹過食材為止。

03

蓋上蓋子靜置一晚,等核桃入味。如果能放一週會更好吃。

04

將奶油起司、戈貢佐拉起司、加州梅、白葡萄酒、蜂蜜、25g 白糖倒入食物調理機。

05

攪拌至質地變得綿滑為止。

06

將攪拌完畢的食材倒入攪拌盆。

07

將鮮奶油與 25g 白糖倒入另一個攪拌盆。

08

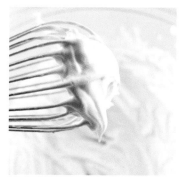

利用攪拌器打至 8 分發(可用攪拌器稍微挖起的程度)。

09

將打發的奶油倒入步驟 6 的攪拌盆,再利用橡皮刮刀輕輕攪拌,直到所有食材融合為止。

10

準備一個直徑 14×高 5.7cm 的攪拌盆。在攪拌盆內鋪一張紙毛巾,再倒入步驟 9 的起司奶油。

11

用紙毛巾包住起司奶油,再封一層保鮮膜,放入冰箱靜置一晚。

12

texture

瀝乾水分後,
就是這種糊狀

這就是完成品。與長棍麵包薄片一起盛盤,再用紅胡椒粒、迷迭香當裝飾,可淋點蜂蜜核桃再吃。

喜歡起司蛋糕的起點！

小學畢業前的我很不愛吃裝飾蛋糕，所以生日蛋糕都是選擇沒有鮮奶油的起司蛋糕，使得只吃巧克力蛋糕的妹妹無法在我生日時一同享用，到現在我都覺得很對不起她。不過，當時我可以連妹妹那份一起吃掉，讓年幼的我覺得有點開心。

我非常喜歡奶奶做的優格慕斯蛋糕，雖然它不是起司蛋糕，卻在我心裡留下深刻的印象，哪怕那已經是我上學念書之前的陳年往事。

當時的優格沒有瀝乾水分這種概念，所以會加點打發的鮮奶油和吉利丁讓食材凝固，做成與常見的優格完全不同的固態蛋糕。當時的我非常愛吃這款蛋糕，每天都很期待吃點心的時間。直接吃很好吃，冷凍後再吃也很美味，那真是一款有如魔法般的甜點。

我覺得，這應該就是我喜歡起司蛋糕的起點吧！

Part 2

How to make delish Cheese Cake

* * *

中 級 篇

//////////////////////////////////////

起司蛋糕的配方有無限多種，
利用不同的創意與技巧催生各種美味，
正是起司蛋糕的魅力。
接下來要介紹的是使用手工塔皮製作的奶油起司塔、
利用調理盤烘焙的巴斯克起司蛋糕、
以隔水加熱方式製作的紐約起司蛋糕，
以及其他不同款式的起司蛋糕。
此外，本篇還會介紹在起司麵糊加入抹茶或
覆盆子醬的變化版，
和許多製作起司蛋糕必學的技巧喔！

清爽的塔皮搭配玉米脆片，
打造 gemomoge 風格的甜點

* * *

奶油起司塔

//

使用可以輕鬆烘焙的葡萄籽油製作塔皮後，

再於塔皮內填滿玉米脆片，

接著擠上滿滿的起司奶油，

最後以草莓與藍莓裝飾。

這款點心塔的作法雖然簡單，外觀卻很吸睛，而且還很好吃。

由於不會用到奶油，所以口味相對清爽。

也可以將莓果換成喜歡的水果，但帶有酸味的水果最對味喔！

材料／直徑 15cm 的圓形活底模具 1 個量

〈塔皮〉

低筋麵粉	80g
糖粉	30g
葡萄籽油	25g
香草油	3 滴
蛋液	15g
白巧克力	40g
玉米脆片	40g

〈起司奶油〉

奶油起司	150g
糖粉	30g
鮮奶油（乳脂肪含量超過 40%）	75ml
檸檬汁	7ml
香草精	3 滴
白蘭地	5ml

〈裝飾用〉

莓果（草莓、藍莓等）	適量
糖粉（防潮）	適量

事前準備 ▶ ・奶油起司先放至室溫。

・鮮奶油從冰箱取出後，放至與奶油起司相同的溫度。

・在模具噴一層油（Carlex Spray 噴效烤盤油）。

也可以抹一層奶油，再撒上一層低筋麵粉。

烘烤時間 ▶ 以 170℃烘烤 25 分鐘左右。

01

此時先讓烤箱預熱至 170℃

先製作塔皮。將低筋麵粉、糖粉倒入塑膠袋，搖晃至均勻後，倒入葡萄籽油與香草油。

02

搖晃均勻後，會變成細顆粒狀。

03

texture

將食材倒入攪拌盆，再倒入蛋液，然後以刮板混合均勻。可以用刮板像切開食材的方式攪拌。

不要攪拌出筋性

04

攪拌完成後，不要揉成麵團，直接整成圓球，再放到烘焙紙上，拿一張大一點的保鮮膜罩住。

05

利用擀麵棍擀成比模具大一圈的圓形薄皮。

06

翻面後移除烘焙紙，再以保鮮膜朝上的方向，將塔皮鋪進模具，接著撕掉保鮮膜。

07

用擀麵棍在模具的邊緣滾動，裁掉超出模具的塔皮。

08

利用手指調整塔皮側面與底部的形狀，讓塔皮與模具完全貼合。

09

利用叉子在塔皮上和側面均勻戳洞，再將模具放在烤盤上，送入預熱至 170℃的烤箱烤 25 分鐘左右。

10

烤好後，靜置待涼再脫模。

11

將切成小塊的白巧克力倒
入攪拌盆，再以隔水加熱
的方式融化，然後將攪拌
盆從熱水移開。

texture

質地變得綿
滑即可

12

拌入玉米脆片，均勻混合。

13

將食材填入步驟 10 的塔皮，再放入
冰箱冷藏。

14

接著製作起司奶油。將奶油
起司倒入攪拌盆拌鬆後，再
加入糖粉攪拌均匀。

15

分三次拌入鮮奶油，每次
都需要以攪拌器攪拌均
匀。

texture

表面呈現
光澤感

16

依次拌入檸檬汁、香草精
與白蘭地。

texture

拌到可拉出
尖角為止

17

從冰箱拿出步驟 13 的塔皮，再填入
起司奶油，然後輕輕抹平表面。

18

放上摘掉蒂頭的草莓與藍莓，最後撒
上防潮糖粉做裝飾。

製作方法超簡單，
無論是常溫或冰過後都很好吃

* * *

巴斯克起司蛋糕

//

為了方便分食，這次利用琺瑯調理盤烤了
這幾年很受歡迎的巴斯克蛋糕。
由於可直接蓋上蓋子搬運，所以很適合當成伴手禮，
或是在聚餐的時候加菜。
味道濃郁的巴斯克起司蛋糕比較適合切成小塊享用，
表面的焦香風味與奶油起司的滋味會緩緩的在口腔擴散開來。

材料／24×17cm 的琺瑯調理盤 1 個量

奶油起司	400g
白糖	120g
煉乳	50g
鮮奶油（乳脂肪含量超過 40%）	200ml
香草油	5 滴
檸檬油（有的話）	5 滴
檸檬汁	20ml
雞蛋（L 大小）	3 顆
玉米粉	10g
蘭姆酒	15ml

事前準備 ▶ ・奶油起司先放至室溫。

・在琺瑯調理盤上鋪兩張沾溼後擠乾水分的烘焙紙。

烘烤時間 ▶ 以 250℃烘烤 20 分鐘左右。

作 法

01

此時先讓烤箱
預熱至 250℃

將奶油起司倒入攪拌盆，再利用手持
電動攪拌器攪拌。

02

倒入白糖，再攪拌至質地變得綿滑為
止。

03

攪拌至所有食材
融合為止

texture

倒入煉乳、鮮奶油、香草油、檸檬
油、檸檬汁，再繼續攪拌。

04

texture

攪拌至黏稠、
沉甸甸的質感

分次打入雞蛋，每次
都要攪拌均勻。

05

將玉米粉倒入另一個攪拌盆。

06

texture

利用攪拌器
攪拌均勻

利用大湯勺將 1 匙步驟 4
的起司麵糊撈到步驟 5 的
攪拌盆，再攪拌均勻。

07

將步驟 6 的食材倒回步驟 4 的起司麵
糊中，再以手持電動攪拌器攪拌均
勻。

08

倒入蘭姆酒增添風味。

09

利用濾網過篩，讓質地變得更綿滑。

10

利用橡皮刮刀從底部輕輕往上攪拌，
讓麵糊中的空氣跑出來。

11

在鋪好烘焙紙的琺瑯調理
盤上緩緩倒入麵糊。

texture

質地黏稠綿
滑的麵糊

12

烤箱預熱至 250℃後，稍待 10 分
鐘，再將琺瑯調理盤送入烤箱烤 20
分鐘左右。

13

蓋上一層鋁箔紙，以免表面烤焦。

14

烤好後放涼，再放入冰箱靜置一晚。

利用隔水加熱的方式烤味道豐富的麵糊，
是這款蛋糕的特徵

* * *

紐約起司蛋糕

//

隔水烘焙的紐約起司蛋糕是我從十幾歲就開始使用的食譜。
我的食譜會利用瀝乾水分的優格與檸檬汁代替酸奶油，
還會在攪拌的時候放輕力道，避免拌入空氣，
也會以低溫慢慢烘焙，藉此烤出入口即化的口感。

材料／直徑 15cm 的圓形活底模具 1 個量

奶油起司	200g	低筋麵粉	12g
白糖	80g	玉米粉	12g
麥芽糖或蜂蜜	20g	〈蛋糕底〉	
鮮奶油（乳脂肪含量超過 40%）	160ml	餅乾	80g
原味優格	160g	無鹽奶油	40g
檸檬汁	25ml	〈裝飾用〉	
全蛋（L 大小）	1 顆	杏桃果醬	30g
蛋黃（L 大小）	1 顆量	個人喜好的洋酒（蘭姆酒或君度橙酒等）	10ml

事前準備 ▶ ·奶油起司先放至室溫。

·在模具內側抹上薄薄一層油（非事前準備的食材），
再鋪一層烘焙紙（參考 p.9）。 ⟶

烘烤時間 ▶ 以 160℃烘烤 30 分鐘左右。→以 150℃烘烤 20 分鐘左右。→以 190℃烘烤 10 分鐘左右。

01

濾網鋪上一張紙毛巾後,放在攪拌盆上面,接著倒入優格並擠乾水分,直到重量變成原本的一半(80g)為止。

02

攪拌成酥鬆的碎屑狀 **texture**

接著製作蛋糕底。將餅乾倒入食物調理機攪成細小碎塊。

03

將無鹽奶油倒入耐熱容器後,放進微波爐(500W)加熱 30 秒左右,讓無鹽奶油融化。

04

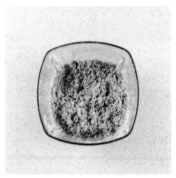

將融化的無鹽奶油倒入步驟 2 的餅乾中,再攪拌均勻,完成本次要使用的蛋糕底。

05

此時先讓烤箱預熱至 160℃

將蛋糕底倒入模具,再以玻璃杯的底部壓平、壓緊。

06

攪拌至質地綿滑為止 **texture**

將奶油起司倒入攪拌盆,以橡皮刮刀拌開,接著倒入白糖與麥芽糖,然後攪拌均勻。

07

盡可能不要拌入空氣 **texture**

分三次倒入鮮奶油,每次都需以攪拌器攪拌均勻。攪拌時,記得將攪拌器抵在攪拌盆底部,再以切開麵糊的感覺攪拌。

08

攪拌至所有食材都融合為止 **texture**

倒入步驟 1 的乾優格,攪拌均勻後,再拌入檸檬汁。

09

倒入全蛋與蛋黃,攪拌至所有食材融為一體。

10

倒入預拌過的低筋麵粉與玉米粉，攪拌至質地變得綿滑為止。

11

texture

讓麵糊的質地
變得更細緻

利用濾網過篩。可利用橡皮刮刀邊壓邊過篩。

12

倒入模具後，抹平表面。利用鋁箔紙包住模具，再放在調理盤上，然後將調理盤放在烤盤上。接著在調理盤內注入約 40℃ 的熱水，深度大約 2cm。

13

送入預熱至 160℃ 的烤箱烤 30 分鐘左右後，打開烤箱門再關上。繼續以 150℃ 烤 20 分鐘左右，再以 190℃ 烤 10 分鐘左右。烘烤的過程中，要時常觀察蛋糕的狀況。

14

快烤好的時候，將杏桃果醬與洋酒倒入小鍋加熱，加熱時需不斷攪拌。最後倒入另一個容器備用。

15

蛋糕烤好後，利用刷子將剛剛煮好的果醬輕輕抹在表面，再將蛋糕放回烤箱靜置 20 分鐘。

16

從烤箱拿出來後，等到蛋糕的餘熱散去，再抹一次步驟 14 的果醬，然後拆掉鋁箔紙，放入冰箱冷藏。

17

利用瓶子或玻璃杯從模具底部往上推，讓蛋糕脫模。

這是隔水烘焙的蛋糕與
自製覆盆子醬的組合

* * *

覆盆子起司蛋糕

//

這是加入大量白巧克力，奶味十足的隔水烘焙起司蛋糕。

利用自製的覆盆子醬及新鮮的覆盆子當裝飾，

就能在白色的蛋糕上增添醒目的紅色。

這款蛋糕除了酸味之外，味道也很馥郁濃厚，

非常適合在聖誕節或慶祝場合享用。

材料／直徑 15cm 的圓形活底模具 1 個量

奶油起司	200g	覆盆子醬（參考 p.10）	15g
白糖	50g	〈蛋糕底〉	
白巧克力	120g	餅乾	80g
玉米粉	5g	無鹽奶油	40g
鮮奶油（乳脂肪含量超過 40%）	30ml	〈裝飾用〉	
牛奶	30ml	覆盆子	100g
香草油	5 滴	覆盆子醬（參考 p.10）	30g
雞蛋（L 大小）	1 顆	薄荷	少許

事前準備 ▶ ・奶油起司先放至室溫。

・牛奶與鮮奶油先從冰箱取出放至室溫。

・在模具內側抹上薄薄一層油（非事前準備的食材）， ⟶
再鋪一層烘焙紙（參考 p.9）。

烘烤時間 ▶ 以 160℃烘烤 40 分鐘左右。

煮到沒有顆粒為止
texture

澀潤的質感
texture

01

02

03

將切成小塊的白巧克力倒入攪拌盆，再以隔水加熱的方式煮化，保溫備用。

接著製作蛋糕底。將餅乾倒入食物調理機攪成酥鬆的碎屑狀。

將無鹽奶油倒入耐熱容器後，放進微波爐（500W）加熱 30 秒左右，讓無鹽奶油融化。然後將無鹽奶油倒入步驟 2 的餅乾中，再攪拌均勻。

此時先讓烤箱預熱至 160℃ **04**

攪拌至質地變得綿滑為止
texture

05

06

將步驟 3 的蛋糕底倒入模具，再以玻璃杯的底部壓平、壓緊。

將奶油起司倒入攪拌盆，再以手持電動攪拌器攪拌。倒入白糖後，繼續攪拌均勻。

確認步驟 1 的白巧克力還在與人體皮膚相當的溫度後，倒入步驟 5 的攪拌盆，再攪拌均勻。

攪拌到呈現光澤為止
texture

07

08

09

倒入玉米粉再攪拌均勻。

倒入鮮奶油、牛奶與香草油，再攪拌均勻。

打入雞蛋，攪拌到所有食材都融為一體。

10

利用濾網過篩。可利用橡皮刮刀邊壓邊過篩。

11

利用橡皮刮刀從底部輕輕往上攪拌，讓麵糊中的空氣跑出來。

12

將麵糊緩緩倒入模具，抹平後，再用鋁箔紙包住模具。

13

利用湯匙將覆盆子醬點入麵糊。

14

替整個蛋糕
增加花紋
texture

接著利用牙籤或竹籤劃出大理石紋路。

15

這就是隔
水加熱
texture

將模具放在調理盤上，再將調理盤放在烤盤上，然後在調理盤注入約40℃的熱水，深度大約 2cm。接著送入預熱至 160℃的烤箱烤 40 分鐘左右。

16

這是烤好的模樣。放涼後，拆掉鋁箔紙，再放入冰箱冷藏。最後以瓶子或玻璃杯從模具底部往上推，讓蛋糕脫模。

17

覆盆子洗淨擦乾後倒入攪拌盆，再倒入覆盆子醬，讓所有覆盆子都沾到覆盆子醬。

18

將覆盆子放在蛋糕上當裝飾，再以薄荷點綴。

甜度適中、味道紮實濃厚的
成熟風味

* * *

鹽味焦糖

//////////////////////////////

生起司蛋糕

//////////////////////////////

這是利用焦糖奶油醬營造淡淡苦味的生起司蛋糕，
由於沒有添加酸味食材，所以奶味十足。
這款生起司蛋糕的重點在於利用鹽的鹹味烘托出蛋糕多層次的味道。
看起來快要融化，卻又保有一定形狀的焦糖奶油醬讓人一看就好想吃，
來享受焦糖奶油醬與起司蛋糕一起在舌尖化開的美味吧！

材料／邊長 15cm 的方形活底模具 1 個量

奶油起司	250g
白糖	70g
鮮奶油（乳脂肪含量超過 40%）	120ml
香草精	6 滴
牛奶	30ml
吉利丁粉	7g
水	40ml
焦糖奶油醬（參考 p.11）	25g
〈蛋糕底〉	
餅乾	90g
無鹽奶油	40g
〈裝飾用〉	
焦糖奶油醬（參考 p.11）	200g
天然鹽	適量

事前準備 ▶ ・奶油起司先放至室溫。

・將 60ml 鮮奶油從冰箱取出放至室溫，
　剩下的 60ml 放在冰箱繼續冷藏。

・牛奶先從冰箱取出放至室溫。

・讓焦糖奶油醬恢復至室溫的程度。

・在模具內鋪一層烘焙紙（參考 p.9）。　——→

01

先製作蛋糕底。將餅乾倒入食物調理機攪成酥鬆的碎屑狀。

02

將無鹽奶油倒入耐熱容器後,放進微波爐(500W)加熱 30 秒左右,讓無鹽奶油融化。

03

將放涼的無鹽奶油倒入步驟 1 的食物調理機,再攪拌均勻。

04

將蛋糕底倒入模具後,利用玻璃杯的底部壓平、壓緊。

05

將事先準備的水倒入小型容器,再倒入吉利丁粉。輕輕攪拌,讓吉利丁粉泡發。

06

將奶油起司倒入攪拌盆拌開,再倒入50g 白糖,用攪拌器攪拌至質地變得綿滑為止。

攪拌至蓬鬆的質感

texture

07

倒入放至室溫的 60ml 鮮奶油,再攪拌均勻。倒入香草精後繼續攪拌。

冷卻至皮膚溫度

texture

08

將牛奶倒入耐熱容器後,倒入在步驟 5 泡發的吉利丁,放進微波爐(500W)加熱 20 秒左右,讓吉利丁融化。加熱時要避免讓牛奶沸騰。

09

將步驟 8 的食材倒入步驟 7 的食材中,再攪拌均勻。

texture

攪拌至質地變得綿滑為止

可用攪拌器稍微
挖起的程度
texture

10

將冷藏的 60ml 鮮奶油及 20g 白糖
倒入另一個攪拌盆，再打至 8 分發。

11

倒入步驟 9 的攪拌盆，再攪拌至質地
變得綿滑為止。這就是原味的麵糊。

12

從原味麵糊取 100g 出來，倒入焦糖
奶油醬，以攪拌器攪拌均勻。

13

攪拌到所有食材都融為一體。

不要過度攪拌
texture

14

倒回原味麵糊的攪拌盆後，以橡皮刮
刀劃出大理石紋路。

15

倒入模具後，抹平表面。

16

將這個狀態的麵糊放入冰箱冷藏，大
概需要 3 小時才會凝固。

要輕輕的抹
texture

17

凝固後，在蛋糕表面抹一層裝飾用的
焦糖奶油醬，再放入冰箱冷藏 3 小時
以上，直到焦糖奶油醬完全凝固為
止。

替每一小塊
蛋糕點綴些
許鹽粒
texture

18

利用瓶子或玻璃杯從模具底部往上
推，讓蛋糕脫模，再以加熱過的菜刀
切成小塊，最後撒點天然鹽增添風
味。

以風味輕盈清爽的
馬斯卡彭起司製作

* * *

抹茶生起司蛋糕

///

馬斯卡彭起司是口感綿滑的新鮮起司，
這款蛋糕就是由該起司與抹茶、卡士達醬搭配而成。
利用抹茶粉與餅乾製作蛋糕底，能突顯抹茶的濃郁香氣。
可一次製作兩種顏色的麵糊，所以製作過程非常簡單。
若使用剛拆封的抹茶，香氣肯定撲鼻而來。

材料／直徑 15cm 的圓形活底模具 1 個量

馬斯卡彭起司	100g	〈蛋糕底〉	
白糖	60g	餅乾	80g
卡士達醬（參考 p.10）	100g	抹茶粉	3g
鮮奶油（乳脂肪含量超過 40%）	200ml	無鹽奶油	40g
香草精	5 滴	〈裝飾用〉	
吉利丁粉	7g	鮮奶油（乳脂肪含量超過 40%）	100ml
水	40ml	白糖	10g
抹茶粉	6g	檸檬片	5 片
牛奶	30ml		

事前準備 ▶ ・牛奶先從冰箱取出放至室溫。

・建議使用甜點專用的抹茶粉，最好選用顏色鮮豔的種類，
　推薦使用丸久小山園的「白蓮」。建議先過篩再使用。

・在模具內側抹上薄薄一層油（非事前準備的食材），
　再鋪一層烘焙紙（參考 p.9）。　　　　　　 ⟶

01

先製作蛋糕底。將餅乾與抹茶粉倒入食物調理機。

02

將食材攪成酥鬆的碎屑狀。

03

倒入融化的無鹽奶油

texture

將無鹽奶油倒入耐熱容器後,放進微波爐(500W)加熱 30 秒左右,讓無鹽奶油融化,再倒入步驟 2 的食物調理機攪拌。

04

將蛋糕底倒入模具後,利用玻璃杯的底部壓平、壓緊。

05

將事先準備的水倒入耐熱容器,再倒入吉利丁粉。輕輕攪拌,讓吉利丁粉泡發。

06

將抹茶粉倒入其他容器,再分次拌入牛奶,攪拌到沒有結塊為止。

07

為了避免出現沒攪散的小塊,可先用濾網過篩一次,就能做出質地綿滑的抹茶醬。

攪拌至質地變得綿滑為止

texture

08

將馬斯卡彭起司倒入攪拌盆,拌開之後,倒入 40g 白糖,再以攪拌器攪拌。

攪拌到所有食材都融為一體

texture

09

加入卡士達醬與香草精,再攪拌均勻。

10

將鮮奶油、20g 白糖倒入另一個攪拌盆，再打至 9 分發（可拉出直挺的尖角）。

11

將步驟 5 的吉利丁放進微波爐（500W）加熱 20 秒左右，在沒有沸騰的狀態下讓吉利丁融化。再將融化的吉利丁倒入步驟 9 的食材，攪拌均勻。

蓬鬆的質感
texture

12

倒入步驟 10 的鮮奶油，再以橡皮刮刀從底部往上輕輕攪拌。

這就是抹茶
麵糊
texture

13

從白色的麵糊取出 150g 備用後，將步驟 7 的抹茶醬倒入剩下的麵糊裡，再以橡皮刮刀輕輕攪拌。

輕輕推開白色麵糊
texture

14

從剛剛預留的白色麵糊取出 100g 並倒入模具，抹平表面後，放入冰箱冷藏 10 分鐘，直到表面凝固為止。

15

在表面堆 1 球抹茶麵糊，再搖晃模具，讓抹茶麵糊均勻散開，接著利用橡皮刮刀抹平表面。

在這種狀
態下冷藏
texture

16

將剩下的白色麵糊隨意放在抹茶麵糊表面，利用牙籤劃出大理石紋路，再放入冰箱冷藏 6 小時以上。蛋糕完全凝固後，從模具的底部往上推，讓蛋糕脫模。

17

將白糖倒入鮮奶油，再打至 9 分發（可拉出直挺的尖角）。

18

利用加熱過的乾湯匙挖取鮮奶油，放在蛋糕上層，再以檸檬片裝飾。

RECIPE 15

使用花生醬增添甜味的起司糖霜，
是這款蛋糕的特別之處

* * *

起司奶油
多層蛋糕

這款蛋糕的可可蛋糕體只需要攪拌就能完成，
然後在蛋糕體之間抹上用奶油起司與花生醬製作的糖霜，
美式蛋糕就大功告成。
口感溼潤的蛋糕體與糖霜可組合出少見的口感，
以及讓人一吃上癮的美味。
有機會的話，請務必挑戰美式蛋糕唷！

材料／直徑 15cm 的圓形模具（底部無法拆掉的款式）1 個量

雞蛋（M 大小）	2 顆	鹽	0.5g
葡萄籽油	70g	〈糖霜〉	
牛奶	90ml	奶油起司	200g
即溶咖啡粉	1.5g	花生醬	50g
熱水	50ml	無鹽奶油	50g
水	40ml	香草精	5 滴
白糖	120g	糖粉	60g
高筋麵粉	60g	〈裝飾用〉	
低筋麵粉	60g	可可粉（防潮）	適量
可可粉	30g	餅乾（美樂圓餅）	10 片
小蘇打粉	4g	萊姆片	5 片
泡打粉	4g	迷迭香	少許

事前準備 ▶ ・牛奶先從冰箱取出放至室溫。

・奶油起司先放至室溫。

・無鹽奶油與花生醬先從冰箱取出放軟。

・在模具底部抹上薄薄一層油（非事前準備的食材），
再鋪一層烘焙紙（參考 p.9）。 ⟶

烘烤時間 ▶ 以 160℃烘烤 50 分鐘左右。

01

利用事先準備的熱水融化即溶咖啡粉。

02

此時先讓烤箱預熱至 160℃

攪拌均勻
texture

將步驟1的食材與事先準備的水倒入攪拌盆攪拌後,再倒入雞蛋、葡萄籽油、牛奶,用攪拌器攪拌均勻,最後拌入白糖均勻混合。

03

將濾網架在另一個攪拌盆上面,再將高筋麵粉、低筋麵粉、可可粉、小蘇打粉、泡打粉、鹽倒在濾網上,邊搖晃邊將這些食材篩入攪拌盆。

04

將步驟3的食材倒入濾網,再過篩到步驟2的攪拌盆。過篩兩次可以讓麵糊更細緻。

05

利用攪拌器攪拌均勻。

texture

攪拌至質地變得滑順為止

06

將麵糊倒入模具,將模具的底部輕輕摔在桌面幾次,敲出麵糊中的空氣。

07

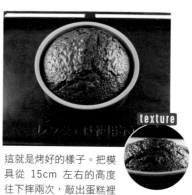

抹平麵糊的表面後,放在烤盤上,再送入預熱至 160℃的烤箱烤 50 分鐘左右。

08

這就是烤好的樣子。把模具從 15cm 左右的高度往下摔兩次,敲出蛋糕裡面的蒸氣。

texture

頂部很蓬鬆

09

放涼後,從側面插入抹刀,讓蛋糕體脫模。

溼潤的質地
texture

10

切掉蓬鬆的頂部,讓上層變平坦。這個食譜不會用到切掉的部分。

11

切出 3 片同樣厚度的蛋糕體。

12

接著製作糖霜。將奶油起司倒入攪拌盆,以手持電動攪拌器拌鬆,然後倒入花生醬均勻混合。

13

倒入無鹽奶油與香草精攪拌均勻。

texture
攪拌至質地有點綿滑

14

倒入糖粉再攪拌均勻,最後以橡皮刮刀抹平表面,糖霜就完成了。

texture
攪拌成糊狀

15

將適量的糖霜抹在蛋糕體的表面,再以抹刀抹平,接著依序疊放蛋糕體與糖霜。

16

疊出三層後,上層可利用橡皮刮刀抹出花紋,再撒點防潮可可粉,最後利用餅乾、萊姆片與迷迭香裝飾。

利用帕馬森起司提味，
讓人百吃不厭的味道

* * *

奶香起司磅蛋糕

///

這款加了奶油起司烘焙的磅蛋糕擁有非常溼潤的口感。
由於材料與製作方法都很簡單，
所以這款蛋糕的最大魅力就是
能直接品嘗起司的風味與焦香。
放了一段時間後，
蛋糕不僅仍保有鬆軟的口感，而且變得更好吃。
製作的重點在於讓食材徹底打發及乳化。

材料／21×9×高 8cm 的磅蛋糕模具 1 個量

低筋麵粉	150g	檸檬油（有的話）	5 滴
泡打粉	4g	全蛋（L 大小）	1 顆
無鹽奶油	150g	蛋黃（L 大小）	1 顆量
白糖	130g	檸檬汁	5ml
奶油起司	70g	蘭姆酒	5ml
帕馬森起司粉	5g		

事前準備 ▶ ・奶油起司先放至室溫。

・無鹽奶油先從冰箱取出放軟。

・在模具底部鋪一層烘焙紙（參考 p.9），
也可以抹一層奶油，再撒上一層低筋麵粉。 →

烘烤時間 ▶ 以 160℃烘烤 40～50 分鐘。

攪拌至變成白色、
沉甸甸的質感
texture

攪拌至變成白色
蓬鬆的質感
texture

01

先將低筋麵粉與泡打粉拌勻,然後過篩一次。

02

將無鹽奶油倒入攪拌盆,再利用手持電動攪拌器攪拌,此時要將空氣拌入無鹽奶油中。

03

倒入白糖再攪拌均勻。

04

倒入奶油起司、帕馬森起司粉與檸檬油。

此時先讓烤箱
預熱至 160℃

05

攪拌到所有食材都融為一體。

06

將全蛋與蛋黃打成蛋液,再分五次拌入。

攪拌至乳化
texture

07

每次拌入時,都要攪拌均勻,直到產生乳化現象為止。

08

倒入步驟1過篩的粉類食材,再以橡皮刮刀攪拌均勻。攪拌時,可以像是劃開食材般攪拌。

09

從底部往上快速攪拌,直到看不見粉類食材為止。此時的重點在於不要攪拌出筋性。

10

倒入預拌的檸檬汁與蘭姆酒。

11

利用橡皮刮刀從底部往上攪拌。

12

倒入模具。

13

壓成中央凹陷的缽狀後，放在烤盤上，再送入預熱至 160℃ 的烤箱烤40〜50 分鐘，直到出現彈性為止。

14

將模具從 10cm 左右的高度往下摔，敲出蛋糕裡面的蒸氣。脫模後，放在墊了烘焙紙的網架上。

15

趁熱包一層保鮮膜，再讓蛋糕橫躺放涼。大概靜置一天就會定型。

蓬鬆的口感是最大的魅力，
還有許多值得一學的技巧

* * *

舒芙蕾起司蛋糕

//

我試了很多次，總算知道怎麼利用家用烤箱烤出完美的舒芙蕾。
不同的烤箱需要設定不同的溫度，
所以烘焙時需要與手邊的烤箱對話，
這次使用的是石窯蒸氣烘烤爐（參考 p.7）。
在這裡要介紹的是不用控制烘焙溫度，表面也不容易龜裂的食譜。
此外，要避免龜裂，也得在模具上多下工夫。

材料／直徑 15cm 圓形活底模具 1 個量

奶油起司	150g	玉米粉	10g
白糖	10g	〈蛋白霜〉	
蜂蜜	15g	蛋白（L 大小）	3 顆量
牛奶	30ml	白糖	40g
鮮奶油（乳脂肪含量超過 40%）	30ml	蘭姆酒漬葡萄乾（參考 p.103）	適量
葡萄籽油	10g	噴效烤盤油（Carlex Spray）	適量
蛋黃（L 大小）	3 顆量	〈裝飾用〉	
檸檬汁	7ml	杏桃果醬	30g
低筋麵粉	20g	水	10ml

事前準備 ▶ ・蛋白在使用之前先放冰箱冷藏。

・蘭姆酒漬葡萄乾先瀝乾水分。

・在模具內鋪一層烘焙紙（高度要超出模具）。
由於需要讓烘焙紙完全貼合，所以要噴油（Carlex Spray）。
之後以鋁箔紙包住模具，並用刷子在烘焙紙的
表面抹 15g 變軟的奶油（非事前準備的食材）。

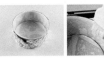

烘烤時間 ▶ 以 150℃烘烤 35～40 分鐘。

01

先布置成方便烘焙的狀態。將毛巾鋪在調理盤上，再將模具放在毛巾上，接著在底下疊兩層烤盤。在模具裡面鋪一些蘭姆酒漬葡萄乾。

02

將奶油起司倒入耐熱的攪拌盆，再放進微波爐（500W）加熱 30 秒左右，讓奶油起司變軟，接著利用橡皮刮刀拌開。

03

倒入白糖與蜂蜜，再攪拌至質地變得綿滑為止。

04

將牛奶與鮮奶油倒入耐熱容器攪拌均勻後，放進微波爐（500W）加熱 30 秒左右。

05

以每次 20ml 的分量，將剛剛的牛奶與鮮奶油倒入步驟 3 的攪拌盆，每倒一次都需要攪拌均勻。

06

攪拌至質地變得綿滑後，倒入葡萄籽油、蛋黃、檸檬汁，再攪拌至質地變得滑順為止。

07　此時先讓烤箱預熱至 150℃

攪拌至沒有結塊為止
texture

倒入低筋麵粉與玉米粉，攪拌至質地變得綿滑後，再繼續攪拌五十次左右。

08

接著製作蛋白霜。將蛋白與白糖倒入攪拌盆，再利用手持電動攪拌器低速攪拌至起泡。

09

蛋白霜不用打得太發，只要表面出現光澤，搖晃攪拌盆也不會滑動，拉出尖角後，尖角會微微下垂的程度即可。

10

將三分之一量的蛋白霜倒入步驟 7 的起司麵糊後，利用橡皮刮刀從底部像往上撈的方式攪拌。

11

將步驟 10 的食材倒回蛋白霜的攪拌盆，再以橡皮刮刀從底部像往上撈的方式攪拌，直到質地變得綿滑為止。千萬不要以畫圈的方式攪拌。

12

將蛋白霜攪拌至所有食材融為一體，撈起來會往下滴成帶狀的程度。此時的蛋白霜雖然有彈性，但不會在表面留下痕跡。

13

將蛋白霜倒入步驟 1 的模具，再以抹刀劃破氣泡。可利用抹刀在蛋白霜中像是寫M字般，寫三～五次。

14

在調理盤注入溫水，深度大約 2 cm。

15

將烤盤送入烤箱前，在蛋白霜表面噴上適量烤盤油（必須步驟）。

16

送入預熱至 150℃的烤箱烤 35～40 分鐘，烘焙時間可依照烤箱的狀況調整。烤好後，放在烤箱裡面 10 分鐘再拿出來。

17

趁熱以瓶子或其他工具從模具的底部往上推，讓蛋糕脫模後放在盤子上。餘熱散去後，放入冰箱冷藏。

18

以事前準備的水調開杏桃果醬，再放進微波爐加熱 15 秒左右，讓果醬變得滑順。然後輕輕抹在冷藏過的蛋糕表面，替蛋糕增添光澤。

///

透過起司蛋糕分享幸福的滋味

就算是初學者，也能輕鬆做出完整的起司蛋糕，所以非常推薦大家挑戰。而且做出一個完整的蛋糕也讓人覺得特別興奮，我永遠忘不了在國中時期，第一次做出整個生起司蛋糕的喜悅。由於當時手邊沒有模具，只在淺底的容器鋪上蛋糕底，在上面倒了生起司麵糊，再放入冰箱冷藏而已。我還記得當時直接在容器上封了一層保鮮膜就拿到學校去，當我拿給平常不怎麼聊天的同學吃的時候，其實我的心情很緊張，還好大家都很捧場，讓我度過一個十分快樂的午休（呃……好像是早上請大家吃的）。

另一件非常難忘的經歷就是生我家大女兒的時候。由於比預產期慢了兩週，而且一直沒有要生的感覺，於是我便打起精神，一早就烤了烘焙起司蛋糕與生起司蛋糕，並且放入冰箱冷藏。但不湊巧的是，突然覺得大女兒要從肚子出來了，只好帶著兩個起司蛋糕到醫院。我不想讓這兩個起司蛋糕放到走味，但是孩子又一直生不出來，便請前來探望的親友享用，我老公當然也吃了。對我來說，起司蛋糕越來越貼近我的生活，我也覺得製作完整的起司蛋糕很幸福。

Part 3

How to make delish Cheese Cake

* * *

高 級 篇

//

本篇要介紹用巧克力起司奶油麵糊、
起司鮮奶油、蘭姆酒漬葡萄乾起司麵糊、
蘭姆酒奶油等兩種以上的食材組成的起司蛋糕,
非常值得一學喔!
此外,也會介紹使用泡芙餅皮和扁平海綿蛋糕製作的起司蛋糕。
我會一步步帶著大家做,
請大家把圍裙的帶子綁好,把袖子往上捲一點,
多挑戰幾次,就會熟能成巧。

／RECIPE／

18

不同口味的雙層奶油，
讓口感加倍

* * *

香蕉起司巧克力塔

這次是將 p.48 奶油起司塔的奶油與塔皮做成巧克力口味，

上面再放一層蓬鬆的起司鮮奶油，

做出有點特別的香蕉塔。

由於放了巧克力，

起司奶油變得更清爽，

更容易入口。

加入大量香蕉後，

切開的蛋糕剖面也讓人好期待！

材料／直徑 15cm 的活底塔模 1 個量

〈巧克力塔皮〉		糖粉	20g
低筋麵粉	80g	鮮奶油（乳脂肪含量超過 40%）	50ml
可可粉	8g	檸檬汁	5ml
糖粉	40g	香蕉	2〜3 根
葡萄籽油	30g	〈起司鮮奶油〉	
蛋液	15g	奶油起司	50g
白巧克力	30g	糖粉	30g
玉米脆片（巧克力口味）	30g	鮮奶油（乳脂肪含量超過 40%）	100ml
〈巧克力起司奶油麵糊〉		洋酒（白蘭地或蘭姆酒）	5ml
奶油起司	100g	可可粉（防潮）	適量
黑巧克力	50g		

事前準備 ▶ ·奶油起司先放至室溫。
　　　　　　·製作巧克力起司奶油麵糊的鮮奶油先放至與奶油起司相同的
　　　　　　　溫度。製作起司鮮奶油的鮮奶油要使用之前才從冰箱取出。
　　　　　　·在模具噴一層油（Carlex Spray），也可以抹一層奶油，
　　　　　　　再撒上一層低筋麵粉。

烘烤時間 ▶ 以 170℃烘烤 25 分鐘左右。

01

先製作巧克力塔皮。將低筋麵粉、可可粉、糖粉倒入塑膠袋，再不斷搖晃，讓這些食材均勻混合。

02

搖晃至變成細顆粒的程度

texture

倒入葡萄籽油，接著不斷搖晃塑膠袋，直到變成細顆粒後，再倒入攪拌盆。

03

不要拌揉，以免出現筋性

texture

倒入蛋液，再以劃開食材般的方式攪拌食材。

04 此時先讓烤箱預熱至 170℃

拌勻後，不要揉成麵團，直接整成圓球，再放到烘焙紙上。

05

罩上略大的保鮮膜，再利用擀麵棍擀圓、擀平。記得擀成比模具大一圈的大小。

06

翻面後移除烘焙紙，再以保鮮膜朝上的方向，將塔皮鋪進模具，接著撕掉保鮮膜。

07

用擀麵棍在模具的邊緣滾動，裁掉超出模具的塔皮。

08

texture

利用手指調整塔皮側面與底部的形狀，讓塔皮與模具完全貼合。

記得連側面也要壓緊

09

texture

利用叉子在塔皮上均勻戳洞，讓空氣跑出來。

側面也要戳洞

10

這是鋪好塔皮的樣子。將塔皮模具放在烤盤上，再送入預熱至 170℃ 的烤箱烤 25 分鐘左右。

11

這是烤好的樣子。

12

放涼後，利用玻璃杯或瓶子從模具下方往上推，讓塔皮脫模。

13

將切成小塊的白巧克力倒入攪拌盆，以隔水加熱的方式讓白巧克力融化，再拌入玉米脆片。

14

將步驟 13 的食材填入塔皮，再放入冰箱冷藏，要用之前再拿出來。

15

接著製作巧克力起司奶油麵糊。將切成小塊的黑巧克力倒入攪拌盆，再以隔水加熱的方式融化黑巧克力。

16

將奶油起司倒入另一個攪拌盆，再利用橡皮刮刀拌開，最後倒入糖粉。

17

攪拌至質地變得滑順為止。

攪拌到所有食材都融為一體

18

倒入剛剛融化的黑巧克力，再攪拌均勻。

利用橡皮刮刀均勻攪拌

直到食材完
全融合為止
texture

19

攪拌至質地變
得綿滑為止
texture

20

攪拌至蓬鬆
的質感即可
texture

21

分三次倒入鮮奶油。第一次先加三分
之一的量，並以攪拌器攪拌均勻。

拌入第二次的鮮奶油，這次要加二分
之一的量。

拌入剩下的鮮奶油，攪拌均勻後，再
拌入檸檬汁就完成了。

22

23

24

將步驟 21 的巧克力起司奶油麵糊倒
入步驟 14 的塔皮。

利用橡皮刮刀輕輕抹平表面。

將香蕉切成片，鋪在巧克力起司奶油
麵糊的表面，再放入冰箱冷藏。

攪拌至質地變
得綿滑為止
texture

25

26

27

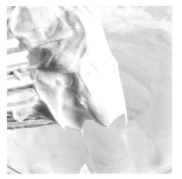

接著製作起司鮮奶油。將奶油起司倒
入攪拌盆，攪散後再拌入 20g 糖粉
及洋酒。

將冷藏的鮮奶油、10g 糖粉倒入另一
個攪拌盆，再以攪拌器打至 9 分發
（可拉出直挺的尖角）。

將剛剛打發的鮮奶油倒入步驟 25 的
攪拌盆，再以攪拌器輕輕攪拌。

28

攪拌至質地變得蓬鬆為止。

29

將起司鮮奶油放在步驟 24 冷藏過的塔皮上,再利用抹刀抹平表面。

30

堆成一座小山的模樣。

31

利用濾網在起司鮮奶油的表面撒上防潮可可粉。

32

texture

利用湯匙由上往下削的手勢,在蛋糕的邊緣劃出紋路。

完整畫出
一圈

由起司慕斯與芒果布丁
交織而成的低調奢華風味

* * *

芒果生起司蛋糕

///

這次介紹的是利用冷凍芒果製作的芒果蛋糕。
芒果起司慕斯麵糊是以馬斯卡彭起司為基底，所以口感相當輕盈。
此外，利用手工製作的芒果布丁、芒果醬與芒果當裝飾，
一次能享受到多種口感，可說是這款蛋糕最精彩的部分。

材料／直徑 15cm 的圓形活底模具 1 個量

〈蛋糕底〉
餅乾 80g
無鹽奶油 40g

〈芒果起司慕斯麵糊〉
馬斯卡彭起司 100g
白糖 40g
芒果醬（參考 p.11） 100g
檸檬汁 5ml
鮮奶油（乳脂肪含量超過 40%） 100ml
吉利丁粉 4g
水 30ml

〈芒果布丁麵糊〉
冷凍芒果 120g

煉乳 30g
檸檬汁 5ml
芒果醬（參考 p.11） 30g
牛奶 150ml
吉利丁粉 5g
水 30ml

〈裝飾用〉
芒果醬（參考 p.11） 50g
吉利丁粉 1g
水 10ml
鮮奶油（乳脂肪含量超過 40%） 少許
冷凍芒果 100g
百里香（有的話） .... 少許

事前準備 ▶ ・馬斯卡彭起司先放至室溫。
・冷凍芒果先解凍，再放到紙毛巾上擦乾水氣。製作布丁麵糊的冷凍芒果先
　放至室溫，裝飾用的冷凍芒果則放在冰箱冷藏備用。
・讓芒果醬恢復至室溫的程度。
・鮮奶油與牛奶先放至室溫。
・在模具內側抹上薄薄一層油（非事前準備的食材），
　再鋪一層烘焙紙（參考 p.9）

⟶

01

先製作蛋糕底。將餅乾倒入食物調理機攪成酥鬆的碎屑狀。

02

溼潤的質地
texture

將無鹽奶油倒入耐熱容器後，放進微波爐（500W）加熱 30 秒左右，接著將融化的無鹽奶油倒入步驟 1 的食物調理機攪拌均勻。

03

將步驟 2 的蛋糕底倒入模具，再利用玻璃杯的底部壓平、壓緊。

04

接著製作芒果起司慕斯麵糊。將事先準備的水倒入耐熱容器，再倒入吉利丁粉，輕輕攪拌，讓吉利丁粉泡發。

05

將馬斯卡彭起司倒入攪拌盆，再倒入 30g 白糖，利用攪拌器攪拌至食材變得綿滑為止。

06

拌入芒果醬與檸檬汁。

texture

攪拌到所有食材都融為一體

07

將 10g 白糖和鮮奶油倒入另一個攪拌盆，再利用攪拌器打至 8 分發（可用攪拌器稍微挖起的程度）。

08

將步驟 4 的吉利丁放進微波爐（500W）加熱 20 秒左右，讓吉利丁融化。此時不能加熱至沸騰。

09

將吉利丁倒入步驟 6 的食材中，並立刻攪拌均勻。

texture

用攪拌器快速攪拌

要快速攪拌
均勻

texture

10

用攪拌器倒入步驟 **7** 的鮮奶油，再改用橡皮刮刀，像是將底部拌到上方的方式攪拌均勻。

11

將麵糊倒入模具，再搖晃模具，讓麵糊變得平整。

12

將圖中狀態的麵糊放入冰箱，冷藏10 分鐘左右，等待表面凝固。

13

接著製作芒果布丁麵糊。將事先準備的水倒入耐熱容器，再倒入吉利丁粉，輕輕攪拌，讓吉利丁粉泡發。

14

將解凍的芒果、煉乳與檸檬汁倒入杯型的容器中。

15

利用手持電動攪拌器將食材攪成糊狀，也可以改用食物調理機。

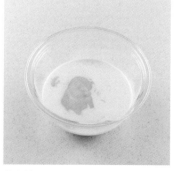

16

將食材倒入攪拌盆，再倒入溫度近似人體皮膚（35℃）的牛奶與芒果醬，然後以攪拌器攪拌均勻。

17

將步驟 **13** 的吉利丁放進微波爐（500W）加熱 20 秒左右，讓吉利丁融化。此時不能加熱至沸騰。

18

將吉利丁倒入步驟 **16** 的食材中，並立刻以攪拌器攪拌均勻。

19

將食材倒入導熱較佳的攪拌盆，再於攪拌盆底部墊一盆冰水，然後一邊攪拌，一邊讓食材冷卻。攪拌至稍微有點黏稠的感覺即可。

20

將食材倒在步驟 12 表面凝固的慕斯麵糊上面後，放入冰箱冷藏 10 分鐘，直到表面凝固為止。

21

接著裝飾蛋糕。將事先準備的水倒入耐熱容器，再倒入吉利丁粉，輕輕攪拌，讓吉利丁粉泡發。

22

將吉利丁放進微波爐（500W）加熱 20 秒左右，讓吉利丁融化。此時不能加熱至沸騰。

23

將芒果醬倒入小型容器，再倒入剛剛加熱融化的吉利丁，然後攪拌均勻。

24

將芒果醬倒在表面凝固的蛋糕上層，再抹平。

25

在芒果醬還沒凝固的時候，點綴一些鮮奶油。

26

利用牙籤或竹籤將鮮奶油串成愛心。

27

鋪上冷藏備用的芒果，再放入冰箱冷藏 6 小時以上。

28

脫模時，可在模具外裹一圈熱毛巾，
讓蛋糕的側面從模具鬆脫。

29

利用瓶子從模具的底部往上推，讓蛋
糕脫模，再以百里香裝飾。

低調奢華的麵糊與
蘭姆酒奶油可說是絕配

* * *

蘭姆酒漬葡萄乾

//

辛香起司蛋糕

//

這是以自製的蘭姆酒漬葡萄乾、
蘭姆酒奶油與多香果營造成熟風味的起司蛋糕。
上層的蘭姆酒奶油與蘭姆酒漬葡萄乾，
不管從哪個部分開始吃，都能嚐到非常多層次的味道。
這款入口即化的起司蛋糕會用到蔗糖，
使用卡士達醬就能快速做出蘭姆酒奶油。

材料／直徑 15cm 的圓形活底模具 1 個量

〈蛋糕底〉

餅乾	70g
無鹽奶油	40g

〈蘭姆酒漬葡萄乾起司麵糊〉

奶油起司	200g
蔗糖	100g
原味優格	200g
葡萄籽油	10g
香草油	5 滴
蛋黃	2 顆量
蘭姆酒	10ml

多香果	5 小撮左右
蘭姆酒漬葡萄乾（參考 p.103）	50g

〈蘭姆酒奶油〉

無鹽奶油	80g
白糖	30g
卡士達醬（參考 p.10）	30g
蘭姆酒	5ml

〈裝飾用〉

蘭姆酒漬葡萄乾（參考 p.103）	20g
肉桂糖	適量

事前準備 ▶ ・奶油起司先放至室溫。

・優格先倒入鋪了紙毛巾的濾網，再於下方墊 1 個攪拌盆，
然後瀝乾水分，直到重量變成原本的一半（100g）為止。

・蘭姆酒漬葡萄乾先瀝乾水分。

・在模具內側抹上薄薄一層油（非事前準備的食材），
再鋪一層烘焙紙（參考 p.9）。 ⟶

烘烤時間 ▶ 以 180℃烘烤 40 分鐘左右。

要均勻攪拌
成細粉

01 texture

將餅乾倒入食物調理機攪成細粉。

02

將無鹽奶油倒入耐熱容器，再放進微波爐（500W）加熱 30 秒左右。將融化的無鹽奶油倒入步驟 1 的食物調理機，再攪拌均勻。

03

攪拌成溼潤的質感後，倒入模具。

要壓平、
壓緊

此時先讓烤箱
預熱至 180℃ **04** texture

利用玻璃杯或瓶子的底部壓平、壓緊，蛋糕底就完成了。

05

接著製作蘭姆酒漬葡萄乾起司麵糊。將奶油起司倒入攪拌盆後，稍微攪拌一下，再倒入蔗糖。

06

利用手持電動攪拌器攪拌至質地變得綿滑為止。

07

倒入乾優格、葡萄籽油與香草油。

08

均勻攪拌至質地變得綿滑為止。

09

texture

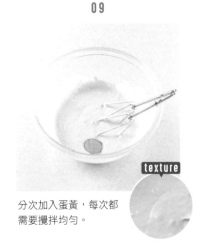

分次加入蛋黃，每次都需要攪拌均勻。

攪拌到所有食材都融為一體

10

這是要加入麵糊的多香果，這種香料的特徵在於擁有肉桂、丁香、肉豆蔻交織而成的香氣。

11

texture

徹底攪拌
均勻

倒入蘭姆酒與多香果，再攪拌均勻。

12

利用濾網過篩，讓麵糊變得更細緻。

13

texture

攪拌至黏稠
綿滑

利用橡皮刮刀從底部輕輕往上攪拌，讓麵糊中的空氣跑出來。

14

texture

蘭姆酒漬葡萄乾
要先瀝乾水分

將蘭姆酒漬葡萄乾均勻分散在步驟 4 的蛋糕底上。

15

從上方緩緩倒入蘭姆酒漬葡萄乾起司麵糊。

16

將圖中狀態的麵糊放在烤盤上，再送入預熱至 180℃的烤箱烤 40 分鐘左右。

17

這是烤好的模樣。放涼後，放入冰箱冷藏 3 小時以上。

18

接著製作蘭姆酒奶油。先將卡士達醬放至室溫。

大概是這種
軟度
texture

19

將無鹽奶油倒入攪拌盆，再利用橡皮
刮刀揉拌，直到輕輕一壓就會凹陷的
程度。

蓬鬆的
質感
texture

20

倒入白糖，再以攪拌器攪拌至變白為
止。

21

倒入卡士達醬，再攪拌均勻。

攪拌到所有食
材都融為一體
texture

22

最後倒入蘭姆酒，再攪拌均勻。

23

這就是蘭姆酒奶油的完成品。

24

從冰箱拿出步驟 17 的蛋糕，再以玻
璃杯或瓶子從模具的下方往上推，讓
蛋糕脫模，接著將蛋糕盛盤。

25

放 1 球蘭姆酒奶油，再放一些瀝乾水
分的蘭姆酒漬葡萄乾。

26

利用抹刀輕輕攪拌，同時將蘭姆酒奶
油均勻抹在蛋糕表面，最後以抹刀壓
出花紋。

27

利用濾網撒一些肉桂糖。

蘭姆酒漬葡萄乾的製作方法

///

蘭姆酒漬葡萄乾是非常好用的食材,建議大家可以多做一些備用。除了可以像這次的蛋糕一樣拌入起司麵糊,也能與奶油拌在一起。與奶油拌在一起後,可以抹在吐司上,也可以當成冰淇淋的配料使用。做好後,靜置一天就能使用,如果收進保鮮盒,甚至可放在冰箱保存一年。葡萄乾可選擇一半是加州葡萄乾,一半是蘇丹娜葡萄乾,這樣會更加美味。

材料／方便製作的分量(170ml 的保鮮盒 1 個)

葡萄乾(加州葡萄乾、蘇丹娜葡萄乾)

―――――――――――――――― 總共 100g

白糖 ―――――――――――――――― 40g

肉桂粉(有的話)――――――――― 少許

蘭姆酒 ――――――――――― 淹過食材的分量

1

將葡萄乾放進耐熱容器後,倒入熱水(非事前準備的食材)。

2

等待 3 分鐘。

3

倒入濾網,瀝乾熱水。

4

倒入容器,再均勻拌入白糖與肉桂粉。

5

等待葡萄乾入味。

6

倒入保鮮盒,再倒入蘭姆酒,直到淹過食材為止。蓋上蓋子,放入冰箱冷藏。

利用焦糖創造
香醇濃厚的風味

* * *

蘋果南瓜焦糖
///////////////////
起司蛋糕
///////////////////

這是利用肉桂蘋果、南瓜泥、焦糖醬與起司搭配而成的起司蛋糕，
非常推薦大家在秋天的時候試做看看。
我希望這些食材的香氣、焦香與甜味能匯集成獨特的美味，
所以設計了這款各種味道都恰到好處的蛋糕，
請大家一起享受這款蛋糕在味道上特有的協調感。

材料／直徑 15cm 的圓形活底模具 1 個量

〈南瓜泥（方便製作的分量）〉		奶油起司	150g
南瓜（去皮去籽）	200g	全蛋（L 大小）	1 顆
白葡萄酒	10ml	蛋黃（L 大小）	1 顆量
白糖	20g	麥芽糖	20g
〈肉桂蘋果（方便製作的分量）〉		玉米粉	15g
蘋果（去皮去核）	200g	〈蛋糕底〉	
白糖	15g	OREO 餅乾（香草奶油口味）	80g
肉桂粉	0.5g	無鹽奶油	25g
玉米粉	5g	〈裝飾用的焦糖蘋果〉	
白葡萄酒	15ml	白糖	50g
檸檬汁	5ml	水	20ml
〈焦糖醬（方便製作的分量）〉		蘋果（1.5～2cm 的丁狀）	200g
鮮奶油（乳脂肪含量超過 40%）	150ml	肉桂糖	少許
白糖	80g	南瓜籽	少許
水	15ml	杏仁角	少許

事前準備 ▶ ·奶油起司先放至室溫。

　　　　　·在模具內側抹上薄薄一層油（非事前準備的食材），
　　　　　再鋪一層烘焙紙（參考 p.9）。　　　⟶　

烘烤時間 ▶ 以 160℃烘烤 40 分鐘左右。

01

先製作南瓜泥。將南瓜倒入耐熱容器後，淋上白葡萄酒，再罩上一層保鮮膜，放進微波爐（500W）加熱 6 分鐘左右。

02

南瓜變軟後，移到小型的研磨缽或攪拌盆。

03

搗至綿滑的程度
texture

趁熱加入白糖，再以擀麵棍或研磨棒一邊將南瓜壓成泥，一邊讓白糖與南瓜混合。

04

以濾網過篩後，放涼。
這次要使用的分量為150g，可先秤量備用。

texture
讓南瓜泥變得更細緻

05

接著製作肉桂蘋果。先將蘋果切成1.5～2 cm 的丁狀，再倒入耐熱容器。

06

倒入白糖、肉桂粉、玉米粉、白葡萄酒、檸檬汁，再攪拌均勻。

07

蘋果的表面會出現光澤
texture

將步驟 6 的食材淋在蘋果表面，再攪拌均勻。罩上保鮮膜後，放進微波爐（500W）加熱 4 分鐘左右。拿出來後，再攪拌均勻。

08

接著製作焦糖醬。鮮奶油加熱至40℃左右後備用。在鍋中倒入白糖與事先準備的水，再以中火加熱。

09

煮到白糖融化後，轉成中小火，再一邊輕晃鍋子，一邊加熱，直到變色為止。

10

煮到變成深褐色的焦糖後,將鍋子從火源移開。

11

一邊倒入步驟 8 的鮮奶油,一邊快速以攪拌器攪拌。

12

攪拌至質地變得滑順即可。

13

將焦糖醬倒入耐熱容器放涼。這次要使用的分量為 180ml,可先秤量備用。

14

接著製作蛋糕底。將 OREO 餅乾倒入食物調理機。

15

攪拌成細粉。

16

將無鹽奶油倒入耐熱容器後,放進微波爐(500W)加熱 30 秒左右,讓無鹽奶油完全融化。

17

將融化的無鹽奶油倒入步驟 15 的食物調理機,攪拌均勻,接著倒入模具。

18 ＼此時先讓烤箱預熱至 160℃

利用玻璃杯的底部壓平、壓緊。

28

烤好後，放在烤箱裡面 15 分鐘。待
餘熱散去，再放入冰箱冷藏。

29

接著製作裝飾用的焦糖蘋果。將白糖
及事先準備的水倒入小平底鍋，再以
中火加熱。

30

加熱到白糖融化後，轉成中小火，再
一邊搖晃鍋子，一邊將白糖加熱至焦
糖色為止。

31

倒入蘋果後，不斷搖晃鍋子，讓焦糖
裹在蘋果表面，整個過程大約 3 分鐘
左右。

32

將焦糖蘋果靜置在紙毛巾上放涼。

33

蛋糕的餘熱完全消散後，利用玻璃杯
或瓶子從模具的下方往上推，讓蛋糕
脫模，再將蛋糕盛盤。

34

在蛋糕上方鋪一些焦糖蘋果，再撒一
點南瓜籽及杏仁角，最後撒一點肉桂
糖即可。

可品嘗到兩種風味的
華麗泡芙

* * *

利用栗子澀皮煮與起司製作的
巴黎布雷斯特泡芙

在烤得酥脆的泡芙中夾入起司卡士達醬、栗子澀皮煮、
栗子起司奶油，做出這款味道濃厚的巴黎布雷斯特泡芙。
由於選用的是馬斯卡彭起司，
所以口感輕盈不厚重，更嚐得到濃濃的奶味。
巴黎布雷斯特泡芙不像海綿蛋糕，
不需要前一天先烤好，
很適合當成應急的生日蛋糕端上桌。

材料／直徑 18cm 的泡芙餅皮 1 個量

事先烤好的泡芙餅皮（參考 p.114）		蘭姆酒	5ml
	1 個	栗子澀皮煮	約 8 顆
〈起司卡士達醬〉		〈裝飾用〉	
馬斯卡彭起司	150g	杏桃果醬	30g
煉乳	10g	開心果碎粒	少許
卡士達醬（參考 p.10）	150g	乾燥草莓（切碎）	少許
〈栗子起司奶油〉		生可可豆碎粒	少許
栗子醬	240g	栗子澀皮煮	2〜3 顆
馬斯卡彭起司	60g	糖粉（防潮）	適量
鮮奶油（乳脂肪含量超過 40%）			
	50ml		

事前準備 ▶ ・馬斯卡彭起司先放至室溫。

・讓卡士達醬恢復至室溫的程度。

・先替栗子起司奶油準備 1 個大的擠花袋花嘴（可自行挑選喜歡的形狀）。

01

將事先烤好的泡芙（參考 p.114）水平剖成兩半。

02

接著製作起司卡士達醬。將馬斯卡彭起司與煉乳倒入攪拌盆。

03

利用橡皮刮刀攪拌至質地變得綿滑為止。

04

倒入卡士達醬。

05

利用攪拌器攪拌至質地變得滑順為止。先放入冰箱冷藏，直到要使用之前再拿出來。

06

接著製作栗子起司奶油。這次使用的栗子醬是將栗子打成糊狀，再拌入香草、砂糖製作而成。

07

將栗子醬倒入攪拌盆，再加入馬斯卡彭起司。

08

texture

利用橡皮刮刀攪拌至質地變得綿滑均勻為止。

要徹底揉拌

09

以每次 10ml 的量倒入鮮奶油，每倒一次都需要攪拌均勻。

10

均勻攪拌至質地變得綿滑為止。

11

加入蘭姆酒混合。

12

這就是栗子起司奶油的完成品。

13

將栗子澀皮煮放在紙毛巾上，瀝乾水分。

14

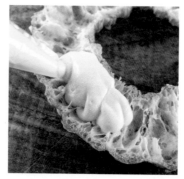

接著填裝泡芙。將起司卡士達醬倒入擠花袋，擠入步驟 1 的下層泡芙剖面。

15

去除泡芙較大的皺褶，讓泡芙變成像是甜甜圈一樣。

16

以適當的間隔排入栗子澀皮煮。

17

將栗子起司奶油倒入裝了花嘴的擠花袋，再參考圖中的作法，在栗子與栗子之間的位置擠花。

18

蓋好上層的泡芙，還原泡芙原本的形狀。

19

將杏桃果醬放進微波爐（500W）加熱。將開心果碎粒、切碎的乾燥草莓、生可可豆碎粒作為裝飾。栗子澀皮煮可先切成粗塊。

20

在泡芙上層抹一些杏桃果醬，再撒一些栗子澀皮煮及裝飾，最後利用濾網撒一些防潮糖粉。

泡芙餅皮的製作方法

巴黎布雷斯特泡芙的餅皮就是一般泡芙用的餅皮，這次是做成巴黎布雷斯特泡芙所需的大型甜甜圈狀，如果以圓形花嘴的擠花袋擠出直徑 4cm 的奶油再烤，就可以當成一般泡芙的餅皮使用。泡芙餅皮的製作過程比想像中簡單，建議大家學起來，再試著填入不同的奶油與水果。

材料／直徑 18cm 的餅皮 1 個（用於製作巴黎布雷斯特泡芙）

材料	分量
低筋麵粉	40g
高筋麵粉	30g
無鹽奶油	60g
鹽	0.5g
水	125ml
蛋液	100g 左右（依照餅皮大小調整）
珍珠糖	適量

事前準備 ▶ ・無鹽奶油先放至室溫，蛋液也放至室溫。
　　　　　　　・低筋麵粉與高筋麵粉拌勻過篩。
　　　　　　　・將花嘴裝在擠花袋上，放在杯子上備用。這次使用的花嘴是 mapol No.195 菊 15 切。
　　　　　　　　只要是大型的花嘴都可以使用。

烘烤時間 ▶ 以 190℃烘烤 40 分鐘左右。 → 以 170℃烘烤 20 分鐘左右。

1

先在烤盤上鋪烘焙紙，再於直徑 15cm 的圓形模具的邊緣沾一圈低筋麵粉（非事前準備的食材），接著像蓋印章般，在烘焙紙上蓋出一圈麵粉圈。先讓烤箱預熱至 200℃。

2

將分成一樣大小的無鹽奶油倒入鍋中，再倒入鹽、事先準備的水，然後以中火加熱。

3

一邊搖晃鍋子，一邊煮化無鹽奶油。煮到無鹽奶油冒出細小的泡泡與沸騰之後關火，立刻倒入事先篩過的粉類食材。

4

利用橡皮刮刀攪拌後，整理成適當的形狀。

5

再以中火加熱，繼續攪拌 30 秒。煮到麵糊表面出現一層膜後，倒入攪拌盆，靜置 30 秒。

6

接著倒入一半的蛋液，再以類似劃開麵糊的方式，利用攪拌器攪拌麵糊。

7

攪拌至質地變得綿滑後，換成橡皮刮刀，再分次倒入剩下的蛋液。倒蛋液的時候，可以像是劃開麵糊般，將蛋液拌入麵糊中。

8

拌到麵糊會從橡皮刮刀「咚」的一聲掉落就可以停止攪拌，硬度大概比常説的「麵糊呈倒三角形」的程度再硬一點。

9

為了能從頭到尾擠出漂亮的花，這次多做了一點麵糊。將麵糊倒入裝好花嘴的擠花袋。

10

沿著步驟1蓋出的麵粉圈，以朝圈內轉圈的方式擠花，再以噴水器噴水（非事前準備的食材），也可以用刷子刷溼表面。

11

放一些珍珠糖在麵糊表面。把烤箱的溫度調降至 190℃後，將麵糊送入去烤 40 分鐘左右，接著將烤箱的溫度調降至 170℃，繼續烤 20 分鐘左右。

12

這就是完成品。放涼後就會定型。

傳統的提拉米蘇再升級，
加入巧思變得更華麗

* * *

提拉米蘇蛋糕

//

這是 p.26 玻璃杯提拉米蘇的進階版。

這次使用圓形模具製作，也會製作完整的提拉米蘇蛋糕。

這款蛋糕選用桃子來增添水果風味，變得更有記憶點，

可以選擇罐頭或新鮮的。

利用加了白蘭地的鮮奶油裝飾，

讓整個蛋糕的風格變得更洗練與成熟。

材料／直徑 15cm 的圓形活底模具 1 個量

事先烤好的扁平海綿蛋糕（參考 p.120）

　　　　　　　　　　　　　　　── 1 塊

桃子（罐裝）── 130g

〈提拉米蘇麵糊〉

　馬斯卡彭起司 ── 150g

　煉乳 ── 30g

　卡士達醬（參考 p.10）── 150g

　鮮奶油（乳脂肪含量超過 40%）── 150ml

　白糖 ── 20g

　吉利丁粉 ── 5g

　水 ── 20ml

〈咖啡糖漿〉

　即溶咖啡粉 ── 5g

　白糖或上白糖 ── 8g

　熱水 ── 25ml

　白蘭地 ── 12ml

　水 ── 25ml

〈裝飾用鮮奶油〉

　鮮奶油（乳脂肪含量超過 40%）── 100ml

　白糖 ── 10g

　白蘭地 ── 3ml

　可可粉（防潮）── 適量

　百里香（有的話）── 適量

事前準備 ▶ ・馬斯卡彭起司先放至室溫。

　　　　　　 ・鮮奶油要使用之前才從冰箱取出。

　　　　　　 ・讓卡士達醬恢復至室溫的程度。

01

先利用直徑 15cm 的圓形模具，將扁平海綿蛋糕（參考 p.120）挖成需要的形狀，這次會挖成直徑比 15cm 大 2 mm 的圓形。

02

這是挖好的扁平海綿蛋糕。剩下的部分可以當成下午茶的點心吃。

03

在模具的側面黏貼烘焙紙，再將剛剛裁好的海綿蛋糕鋪在模具底部。

04

在耐熱容器倒入事先準備的水，再倒入吉利丁粉輕輕攪拌，讓吉利丁吸水泡發。

05

接著製作咖啡糖漿。將即溶咖啡粉、白糖、事先準備的熱水倒入容器後，讓即溶咖啡粉與白糖融化，再倒入白蘭地與事先準備的水，使咖啡糖漿降溫。

06

利用刷子將咖啡糖漿抹在海綿蛋糕表面，讓咖啡糖漿滲入海綿蛋糕，像是替海綿蛋糕均勻上色一樣。千萬不要用刷子在海綿蛋糕的表面用力刷。

07

將桃子切成一口大小後，放在紙毛巾上瀝乾水分。

08

將桃子放在海綿蛋糕上。

09

接著製作提拉米蘇麵糊。將馬斯卡彭起司與煉乳倒入攪拌盆，再以橡皮刮刀攪拌。

10

倒入卡士達醬。

11

利用攪拌器攪拌至質地變得綿滑為
止。

12

將鮮奶油與白糖倒入另一個攪拌盆，
再以攪拌器打至 8 分發（可用攪拌器
稍微挖起的程度）。

13

將步驟 4 的吉利丁放進微波爐
（500W）加熱 20 秒左右，讓吉利
丁融化。此時的重點在於不能加熱至
沸騰，所以要不斷觀察情況。

14

texture

用攪拌器
攪拌均勻

趁熱倒進步驟 11 的食材
中，立刻攪拌均勻。

15

倒入步驟 12 的鮮奶油，再利用橡皮
刮刀攪拌均勻。

16

攪拌至質地變得蓬鬆為止。如此一
來，提拉米蘇麵糊就完成了。

17

將提拉米蘇麵糊倒入擠花袋，再於桃
子間的縫隙擠花，填滿每一處的間
隙。

18

擠完所有麵糊後，將模具的底部輕輕
摔在桌面幾次，敲出麵糊中的空氣。
抹平表面後，放入冰箱冷藏 6 小時以
上，等待麵糊凝固。

19

麵糊凝固後，在模具外包一圈加熱過的毛巾或紙毛巾，替側面稍微加溫。

20

利用玻璃杯或瓶子從模具的下方往上推，讓蛋糕脫模。

21

利用刷子在蛋糕的側面塗抹咖啡糖漿，讓咖啡糖漿滲入蛋糕。

扁平海綿蛋糕的製作方法

將用於製作蛋糕體的海綿蛋糕烤得扁扁的，就是扁平海綿蛋糕。本書會在製作 p.116 的提拉米蘇蛋糕及 p.122 的 Special 生起司蛋糕的時候，利用這種海綿蛋糕製作蛋糕體。只需要在平坦的烤盤（蛋糕捲模具）烤 10 分鐘即可完成，製作方法也非常簡單。這種海綿蛋糕可用來製作蛋糕捲，也能切成一塊塊，抹上起司奶油或卡士達醬再吃。

材料／23×33cm 的蛋糕捲模具 1 個量

雞蛋（L 大小）	3 顆	蜂蜜	15g
低筋麵粉	60g	葡萄籽油	8g
白糖	50g	牛奶	15ml

事前準備 ▶ ・低筋麵粉先過篩。

烘烤時間 ▶ 以 190℃烘烤 10 分鐘左右。

1

先將烘焙紙剪成模具大小，再鋪進模具裡面。

2

將葡萄籽油與牛奶倒入攪拌盆，再以隔水加熱（60℃左右的熱水）的方式加熱。記得保溫備用。

3

將雞蛋、白糖、蜂蜜倒入另一個攪拌盆，攪拌均勻後，加熱至與人體皮膚相近的溫度（35℃）。

4

利用手持電動攪拌器高速均勻攪拌，直到在麵糊劃出 8 這個數字也不會消失的程度。

可以攪拌器稍
微挖起的程度
texture

22

利用刷子在蛋糕的表面塗抹咖啡糖漿
及劃出紋路。

23

在裝飾用鮮奶油中倒入白糖與白蘭
地,再打至 8 分發。

24

將擠花袋裝上喜歡的花嘴,再將打發
的鮮奶油裝進擠花袋,然後在蛋糕上
擠花。最後以濾網撒一些可可粉,再
用百里香點綴。

5

換成一般的攪拌器,再
以從底部往上撈的方式
攪拌。此時先讓烤箱預
熱至 190℃。

6

倒入低筋麵粉,再以攪
拌器從底部往中間撈起
麵糊的方式拌勻麵粉。
千萬不要以畫圈的方式
用力攪拌。

7

拌入葡萄籽油與牛奶,
再以攪拌器撈 1 球步驟
6 的食材,拌入步驟 2
乳化的食材裡。均勻攪
拌,讓食材進一步乳
化。

8

倒回步驟 6 的攪拌盆,
再以攪拌器從底部往中
間撈起麵糊的方式拌
勻,直到拌出光澤為
止。

9

換成橡皮刮刀,再從底
部往上大幅攪拌。

10

從稍微高的位置將麵糊
倒入步驟 1 的模具,抹
平表面後,將模具的底
部輕輕摔在桌面幾次,
敲出麵糊中的空氣。

11

將這個狀態的麵糊送入
預熱至 190℃ 的烤箱烤
10 分鐘左右。

12

這是烤好的樣子。放涼
後,即可撕掉烘焙紙。

RECIPE 24

義大利蛋白霜的蓬鬆口感，
讓人一吃就愛上

* * *

Special
//////////////////
生起司蛋糕
//////////////////

這是利用義大利蛋白霜製作的生起司蛋糕。
相較於入門的生起司蛋糕，這款蛋糕的口感更加輕盈，
也因為加了優格，所以風味更加清爽。
如果有機會，請大家務必挑戰製作義大利蛋白霜，
希望大家都能嚐嚐看，
與利用打發的鮮奶油製作的慕斯有哪裡不一樣。

材料／直徑 15cm 的圓形活底模具 1 個量

事先烤好的扁平海綿蛋糕（參考 p.120）
———————————————————————— 1 塊

〈扁平海綿蛋糕的糖漿〉

水 ———————————————— 20ml
白葡萄酒 ———————————— 5ml
蜂蜜 ———————————————— 10g

〈起司麵糊〉

奶油起司 ———————————— 100g
白糖 ———————————————— 30g
卡士達醬（參考 p.10）————— 30g
原味優格 ———————————— 200g
香草精 ———————————————— 5 滴
檸檬汁 ———————————————— 15ml
吉利丁粉 ———————————————— 8g

白葡萄酒 ———————————— 30ml
鮮奶油（乳脂肪含量超過 40%）100ml

〈義大利蛋白霜〉

蛋白（L 大小）——————— 1 顆量
白糖 ———————————————— 40g
水 ———————————————————— 15ml

〈裝飾用覆盆子醬〉

覆盆子醬（參考 p.10）———— 50g
吉利丁粉 ———————————————— 1g
水 ———————————————————— 10ml
鮮奶油（乳脂肪含量超過 40%）100ml
白糖 ———————————————— 15g
藍莓、薄荷 ——————————— 各適量

事前準備 ▶ ・奶油起司先放至室溫。

・鮮奶油要使用之前才從冰箱取出。

・讓卡士達醬與覆盆子醬恢復至室溫的程度。

01

先利用直徑 15cm 的圓形模具,將扁平海綿蛋糕(參考 p.120)挖成需要的形狀,這次會挖成直徑比 15cm 大 2 mm 的圓形。

02

這是挖好的扁平海綿蛋糕。剩下的部分可以當成下午茶的點心吃。

03

在模具的側面黏貼烘焙紙,再將剛剛裁好的海綿蛋糕鋪在模具底部。

04

將製作扁平海綿蛋糕糖漿的所有食材倒入耐熱容器,再放進微波爐加熱,讓所有食材融化。

05

利用刷子在海綿蛋糕表面塗抹步驟 4 的糖漿。

06

接著製作起司麵糊。在耐熱容器倒入白葡萄酒,再倒入吉利丁粉輕輕攪拌,讓吉利丁吸水泡發。

07

將奶油起司、15g 白糖倒入攪拌盆,再以橡皮刮刀攪拌。

08

攪拌至質地變得綿滑為止

texture

倒入卡士達醬,再以攪拌器均勻攪拌。

09

倒入原味優格、香草精與檸檬汁,再攪拌均勻。

10

攪拌至質地變得滑順後，放在一旁備
用。

11

接著製作義大利蛋白霜。將蛋白與
10g 白糖倒入另一個攪拌盆。

12

利用手持電動攪拌器打發。

13

打發至圖中的程度就可以停止攪拌。
在後續的糖漿完成之前，先放入冰箱
冷藏。

14

接著製作義大利蛋白霜的糖漿。將事
先準備的水及剩下的 30g 白糖倒入
鍋中，再以中火煮滾。

15

煮滾後測量溫度，達到 118℃ 的時
候，將鍋子從火源移開。

16

立刻將糖漿倒入剛剛放在冰箱冷藏的
蛋白霜，再利用手持電動攪拌器攪拌
均勻。

17

繼續攪拌蛋白霜。

texture

攪拌至出現
光澤為止

18

這是義大利蛋白霜的完成品。

攪拌至沒有
結塊為止
texture

19

將步驟 6 的吉利丁放進微波爐
（500W）加熱 20 秒左右，讓吉利
丁融化。此時的重點在於不能加熱到
沸騰。吉利丁融化後，立刻倒入步驟
10 的攪拌盆。

20

利用攪拌器快速攪拌。

21

分三次加入義大利蛋白霜，每加一次
都需要攪拌均勻。

22

加入所有義大利蛋白霜後，攪拌至質
地變得滑順為止。

23

將鮮奶油及剩下的 15g 白糖倒入另
一個攪拌盆，再打發至與起司麵糊相
同的程度。

24

將打發後的鮮奶油倒入步驟 22 的起
司麵糊，再以橡皮刮刀攪拌均勻，如
此一來，生起司蛋糕的麵糊就完成
了。

25

將生起司蛋糕的麵糊倒入步驟 5 的海
綿蛋糕上，再抹平表面。

26

將這個狀態的蛋糕放入冰箱冷藏 6 小
時以上，等待麵糊凝固。

27

製作裝飾用的覆盆子醬。以事先準備
的水泡發吉利丁粉，再放進微波爐加
熱 20 秒左右，讓吉利丁融化。

28

將融化的吉利丁倒入覆盆子醬,再攪拌均勻。

29

將凝固的蛋糕從冰箱拿出來,再以湯匙在邊緣挖出寬 2 cm、深 5 mm 的一圈凹槽。

30

將覆盆子醬倒入剛剛挖出來的凹槽,不要讓覆盆子醬溢出來。將蛋糕放回冰箱冷藏,直到覆盆子醬凝固為止。

31

覆盆子醬凝固後,在模具外捲一圈加熱過的毛巾或紙毛巾,替側面稍微加溫。

32

利用玻璃杯或瓶子從模具的底部往上推,讓蛋糕脫模。

33

將鮮奶油與白糖倒入攪拌盆,再打至8分發(可用攪拌器稍微挖起的程度)。

34

將打發的鮮奶油倒入裝好花嘴(可自行挑選形狀)的擠花袋,再於蛋糕表面擠花,最後擺上藍莓與薄荷當裝飾。

國家圖書館出版品預行編目(CIP)資料

輕奢華！百變起司蛋糕：蛋糕、塔、泡芙、生乳包各種變化大公開，顛覆你的既定印象！/ gemomoge 作；許郁文譯. -- 初版. -- 新北市：大眾國際書局股份有限公司 海濱圖書, 西元 2023.2

128 面；18.2x25.7 公分 . -- (瘋食尚；9)

ISBN 978-986-0761-93-1 (平裝)

427.16   111018796

瘋食尚 SFA009

輕奢華！百變起司蛋糕：
蛋糕、塔、泡芙、生乳包各種變化大公開，顛覆你的既定印象！

| 作　　　者 | gemomoge |
| 譯　　　者 | 許郁文 |

總　編　輯	楊欣倫
執　行　編　輯	李季芙
協　力　編　輯	徐淑惠
封　面　設　計	張雅慧
排　版　公　司	菩薩蠻數位文化有限公司
行　銷　統　籌	楊毓群
行　銷　企　劃	蔡雯嘉

出　版　發　行	大眾國際書局股份有限公司 海濱圖書
地　　　址	22069 新北市板橋區三民路二段 37 號 16 樓之 1
電　　　話	02-2961-5808（代表號）
傳　　　真	02-2961-6488
信　　　箱	service@popularworld.com
海濱圖書 FB 粉絲團	https://www.facebook.com/seashoretaiwan/

總　經　銷	聯合發行股份有限公司
電　　　話	02-2917-8022
傳　　　真	02-2915-7212

法　律　顧　問	葉繼升律師
初　版　一　刷	西元 2023 年 2 月
定　　　價	新臺幣 400 元
I　S　B　N	978-986-0761-93-1

AJIWAI RICH NA CHEESECAKE
TEIBAN KARA HAJIMETE NO OISHISA MADE
©gemomoge 2021
First published in Japan in 2021 by KADOKAWA CORPORATION, Tokyo.
Complex Chinese translation rights arranged with KADOKAWA CORPORATION, Tokyo through AMANN CO., LTD., Taipei.